国家“双高”建设项目成果
高等职业教育机电类专业系列教材

智能机器人创新设计

主　编　李林琛　李　淼
副主编　王洪阳　王　俊　黄　欢
参　编　廖腾均　刘　舸　马忠臣　杨世壮
　　　　佟志超　陈　逸　张云龙　高娜娜

机械工业出版社

综合运用物联网、大数据、云计算等现代信息技术，将物流业与互联网深度融合孕育出的物流新模式——智慧物流，已成为我国现代社会经济发展的重要组成部分，是支撑国民经济和社会发展的基础性产业与战略性产业。

本书聚焦智慧物流场景，以物流机器人为载体，融合自动控制、人工智能、数据结构及智能算法等多领域知识，系统阐述智慧物流机器人的嵌入式系统应用、传感器融合技术、运动控制机构以及群体智能算法原理，并以多机器人物流实训平台为依托，以实际案例为驱动，深入解读智能机器人的设计思路与实现方法。

本书可作为高等职业院校人工智能技术应用、智能物流技术等专业的教学用书，也可供相关专业的工程技术人员参考。

本书配有电子课件，凡使用本书作为授课教材的教师可登录机械工业出版社教育服务网 www. cmpedu. com，注册后免费下载。咨询电话：010-88379375。

图书在版编目（CIP）数据

智能机器人创新设计 / 李林琛，李淼主编. -- 北京 : 机械工业出版社，2025. 1. --（高等职业教育机电类专业系列教材）. -- ISBN 978-7-111-77091-6

Ⅰ. TP242. 6

中国国家版本馆 CIP 数据核字第 20249T4T43 号

机械工业出版社（北京市百万庄大街 22 号　邮政编码 100037）
策划编辑：薛　礼　　责任编辑：薛　礼　杨晓花
责任校对：闫玥红　丁梦卓　　封面设计：张　静
责任印制：李　昂
北京捷迅佳彩印刷有限公司印刷
2025 年 1 月第 1 版第 1 次印刷
184mm×260mm · 9. 75 印张 · 239 千字
标准书号：ISBN 978-7-111-77091-6
定价：42. 80 元

电话服务
客服电话：010-88361066
010-88379833
010-68326294

网络服务
机　工　官　网：www. cmpbook. com
机　工　官　博：weibo. com/cmp1952
金　书　网：www. golden-book. com
机工教育服务网：www. cmpedu. com

前言 PREFACE

2022 年，国务院办公厅印发了《“十四五”现代物流发展规划》，从国家层面提出大力发展智慧物流新领域。党的二十大报告指出，深入实施科教兴国战略、人才强国战略、创新驱动发展战略，开辟发展新领域新赛道，不断塑造发展新动能新优势。

大数据、物联网、人工智能等现代信息技术的飞速发展与国家的政策支持促进了智慧物流这一新兴领域的快速发展，智能设备逐渐替代传统物流行业的一线基础性岗位，物流行业人才需求也在发生多元化变革。未来的物流人才是既要熟悉物流运作场景，又要具备物流专业知识与智慧物流系统设计、研发、实现等实践能力的复合型人才。

智慧物流行业的复合型人才需求对人才培养方式和培养内容提出了更高的要求。传统物流教材侧重理论知识讲解，抽象的物流理论知识难以与实际情境相结合，没有足够的实践基础和案例支持，不利于抽象理论的具体化与学习者对实际技能的掌握，不利于新模式下的智慧物流复合型人才培养。本书立足于真实的物流情境，以自研的物流机器人为载体，依托与实际物流场景一致的仿真教学软硬件平台，以物流项目为驱动，全面培养学习者的智慧物流体系设计思维、嵌入式系统机电设计与开发能力、物联网组网技能与人工智能算法研发等能力。学习者可基于物流仿真平台，低成本切入物流实践学习，既不需要大型基础设施的投入，又可直观体验物流操作环境，在行业真实应用场景中，深入理解智慧物流系统、物流机器人的架构设计原理，在实际动手调试算法的过程中，掌握物流系统开发相关技能，从物流系统化专业知识、核心技术综合实践能力和创新能力等方面全方位培养其综合素养。

本书由编者与北京赛曙科技有限公司协作研发，编者负责本书理论架构设计与内容审校，北京赛曙科技有限公司负责物流机器人原型及场景设计、功能开发实现、实训项目开发，最终在人工智能行业相关专家的指导下完成本书的编写。本书由北京工业职业技术学院李林琛、李淼担任主编；北京赛曙科技有限公司王洪阳，北京工业职业技术学院王俊、黄欢担任副主编；北京赛曙科技有限公司廖腾均、刘舸、马忠臣、杨世壮、佟志超、陈逸，北京工业职业技术学院张云龙、高娜娜参与了编写。

本书共 4 部分，计 14 章。第 1 部分为智慧物流系统架构设计，主要介绍智慧物流的概论与仓储体系架构；第 2 部分为物流机器人机电设计，主要阐述物流机器人的传感器应用、控制决策与运动行驶方式；第 3 部分为机器人组网与软件控制，重点介绍无线组网与人机交互方式；第 4 部分为智能算法与系统仿真，详细阐述多机器人路径规划与群体智能算法。

由于编者水平有限，书中疏漏之处在所难免，恳请广大读者批评指正。

编　者

目录 CONTENTS

第1部分

智慧物流系统架构设计

夜晚，灯火如昼的港口货存仓库，多台机器人在一排排货架中井然有序地穿梭，不断地将一箱箱货物从货架上取出，再搬运递送到指定的取货分发区域，偌大的仓库空无一人。

智能仓储是智慧物流系统最核心的组成部分，广泛应用于港口、铁路等领域，承担着货物的进出库、存储、分拣、配送等任务。人工智能时代，如何设计并搭建一个智能仓储体系以真正提高物流运输效率、降低物流成本呢？

第1章 智慧物流概论

CHAPTER 1

想一想：

大红门站是某地区规模最大的铁路货运站，承担着发往全国的巨量货运任务，如何设计一个智能物流体系促进其高效运转？

物流业是我国社会经济发展的重要组成部分，是支撑国民经济和社会发展的基础性产业、战略性产业。随着新技术、新模式、新业态不断涌现，物流业与互联网深度融合孕育出的物流新模式，逐步成为推进物流业发展的新动力、新路径，也为经济结构优化升级和提质增效注入了强大动力。

第1节 智慧物流

一、智慧物流概述

智慧物流（Intelligent Logistics System，ILS）源自于 IBM 提出的“智慧供应链”和“智慧地球”的相关定义。2009 年，时任美国总统奥巴马将“智慧地球”列为美国国家战略，从那以后，国内外有关智慧物流的研究和实践开始进入人们的视野，以互联网、物联网、云计算等技术为基础的智慧物流发展实践及相关理论研究，逐渐成为物流从业者和相关理论研究者的热点论题。

图 1-1 所示为智慧物流应用场景示例。

2009 年，“感知中国”相关理念的提出，对促进国内物联网的发展和智慧物流概念的提出具有重要意义。2009 年 12 月，“智慧物流”的概念由中国物流技术协会信息中心、华夏物联网、《物流技术与应用》编辑部联合提出，指出智慧物流是利用集成智能化技术模仿人的智能，具有思维、感知、学习、推理判断和自行解决物流中的某些问题的能力，它包含运输、仓储、配送、包装、装卸货及智能信息的获取、加工和处理等多项基本活动，为供方提供利润最大化、为需方提供最佳的服务，同时努力争取消耗最少的自然资源和社会资源。智慧物流被认为是物流业发展的主要趋势。

图 1-1 智慧物流应用场景示例

中国物流与采购联合会联合京东物流在 2017 年发布的《中国智慧物流 2025 应用展望》蓝皮书中，对智慧物流的定义为：智慧物流是通过大数据、云计算、智能硬件等智慧化技术与手段，提高物流系统思维、感知、学习、分析决策和智能执行的能力，提升整个物流系统的智能化、自动化水平，降低成本、提高效率的现代化物流模式，如图 1-2 所示。

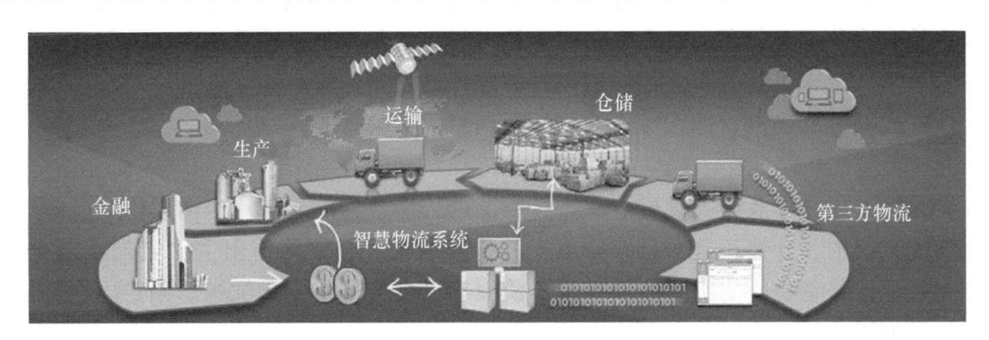

图 1-2 智慧物流

智慧物流具有三大特点：

1）互联互通，数据驱动。所有物流要素互联互通并且数字化，以数据驱动一切，包括洞察、决策、行动。

2）深度协同，高效执行。跨集团、跨企业、跨组织之间深度协同，基于全局优化的智能算法，调度整个物流系统中各参与方高效分工协作。

3）自主决策，学习提升。软件控制物流实现自主决策，推动物流系统程控化和自动化发展；通过大数据、云计算与人工智能构建物流“大脑”，在感知中决策，在执行中学习，在学习中优化，在物流实际运作中不断升级、提高。

智慧物流集多种服务功能于一体，体现了现代经济运作特点的需求，即强调信息流与物质流快速、高效、通畅地运转，从而实现降低社会总成本、提高生产效率、整合社会资源的目的。智慧物流理念随着物流行业的不断发展，也逐步走向了实际应用。

目前，我国正处于新一轮科技革命和产业变革的关键时期。智慧物流通过连接升级、数据升级、模式升级、体验升级、智能升级和绿色升级全面助推供应链升级，将深刻影响社会生产和流通方式，促进产业结构调整和动能转换，推进供给侧结构性改革，为物流业发展带来新机遇。全球新一轮科技革命的到来，为产业转型升级创造了重大机遇，智慧物流正在成为物流业转型升级的重要源泉。

二、物流核心流程

物流是智慧物流的基础，根据 GB/T 18354—2021《物流术语》中的定义可知，物流指物品从供应地向接收地的实体流动过程。根据实际需要，把运输、仓储、装卸搬运、包装、流通加工、配送、信息处理等基本功能有机结合。图 1-3 所示为物流的七大功能要素。

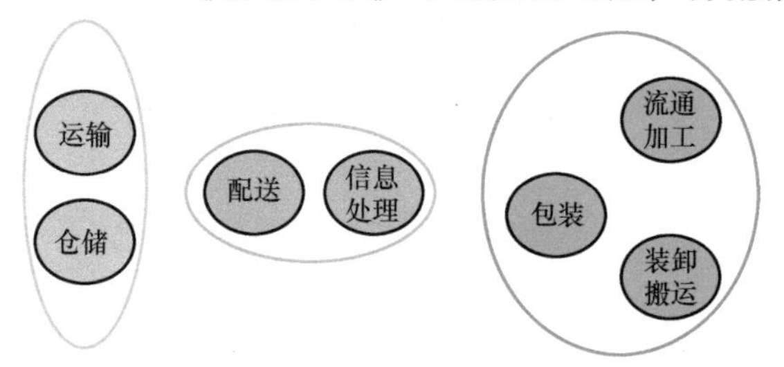

图 1-3 物流的七大功能要素

1. 运输

运输是指采用专用运输设备将物品从一个地点向另一地点运送，其中包括集货、分配、搬运、中转、装入、卸下、分散等一系列操作。

运输是物流的核心业务之一，也是物流系统的一个重要功能。选择哪一种运输手段对于物流效率具有十分重要的意义。在决定运输手段时，必须权衡运输系统要求的运输服务和运输成本，可以从运输机具的服务特性做出判断，即运费、运输时间、频度、运输能力、货物的安全性、时间的准确性、适用性、伸缩性、网络性和信息等。

2. 仓储

仓储是指利用仓库及相关设施设备进行物品的入库、存储、出库的活动。

在物流系统中，仓储和运输是同样重要的构成因素。仓储的作用主要表现在两个方面：第一是完好地保证货物的使用价值和本身价值；第二是为了将货物配送给用户，在物流中心进行必要的加工活动而进行的保存。

3. 装卸搬运

装卸是指在指定地点以人力或机械载入或卸出运输工具的作业过程。搬运是指在统一场所内对物品进行空间移动的作业过程。

装卸搬运是随运输和保管而产生的必要物流活动，是对运输、保管、包装、流通加工等物流活动进行衔接的中间环节，以及在保管等活动中为进行检验、维护、保养所进行的装卸活动，如货物的装卸、移送、拣选、分类等。

4. 包装

包装是指在流通过程中为保护产品、方便储运、促进销售，而按一定技术方法采用的容器、材料及辅助物等的总称，也指为了达到上述目的而进行的操作活动。包装一般分为销售包装和运输包装两种方式。

5. 流通加工

在流通过程中对产品实施简单的加工作业活动，如包装、分割、计量、分拣、刷标志、拴标签、组装等的总称，称为流通加工。

6. 配送

配送是指在经济合理区域范围内，根据顾客要求，对物品进行拣选、加工、包装、分割、组配等作业，并按时送达指定地点的物流活动。

7. 信息处理

物流信息是反映物流各种活动内容的知识、资料、图像、数据、文件的总称，便于对物流进行有关的计划、预测、动态信息及有关生产、市场、成本等方面的信息进行收集和处理，使物流活动能有效、顺利地进行。

本质上，物流是以仓储为中心，促进生产与市场保持同步的过程。随着我国对于物流行业的重视，很多大型企业为达到物流效率高、成本低的目标，纷纷将注意力转向了建设智慧物流系统的方向。

第2节 智能化仓储

仓储物流（Warehousing Logistics）就是利用自建或租赁的库房、场地去存储、保管、装卸搬运、配送货物。

传统的仓储定义是从物资储备的角度得出的。现代仓储不是传统意义上的仓库、仓库管理，而是在经济全球化与供应链一体化背景下的仓储，是现代物流系统中的仓储。仓储是货物在流通中空间和时间存在差异的产物，涉及供应链的各个环节，决定企业的商业模式和管理目标，所以仓储的设计在物流中位于核心地位。高效合理的仓储可帮助企业加快物资流动，保障生产顺利进行，同时降低生产经营成本，实现物资的有效控制和管理。

我国现代仓储发展经历了人工仓储、机械化仓储、自动化仓储、集成自动化仓储和智能自动化仓储五个阶段。

1. 人工仓储阶段

人工仓储阶段是仓储系统发展的最原始阶段，仓库物资的输送、存储、管理和控制主要靠低效率的人工实现，因为在当时的历史背景下，人工仓储技术在相应社会生产力下具有投资少、收益快等优点。

2. 机械化仓储阶段

在这一阶段，物资的输送、仓储、管理、控制主要是使用输送车、堆垛机、升降机等机械设备代替人工。物料可以通过各种各样的传送带、工业输送车、机械手、起重机、堆垛机和升降机来移动和搬运，用货架托盘和移动货架存储物料，通过人工操作机械存取设备，用限位开关、螺旋机械制动和机械监视器等控制设备来运行。机械化仓储系统满足了仓库对移动速度、放置精度、存取高度、物品重量等方面的更高要求。

3. 自动化仓储阶段

自动化技术对仓储技术的发展起了重要的促进作用。20世纪50年代末开始，AGV机器人、自动货架、自动存取机器人、自动识别机器人和自动分拣机器人等相继被研制和应用。20世纪70年代，旋转式货架、移动式货架和巷道式堆垛机等都加入了仓库系统自动控制设备的行列，大大提高了工作效率。尽管此时自动化设备已经很多，但是各个设备还处于独立工作阶段，系统集成度不高，还不能实现无人化运行，称为自动化孤岛。自动化仓储在当前仓储行业中仍占有重要地位。

4. 集成自动化仓储阶段

20 世纪 70 年代末，自动化技术被越来越多地用到生产和分配领域，而自动化孤岛不能满足企业对系统整体性能的更高要求，严重影响了企业效益，自动化仓库研究重点逐渐转向物资的控制和管理的实时、协调和一体化，于是便产生了“集成系统”的概念。集成自动化仓储使用计算机、数据采集点、机械设备的控制器等及时高效地汇总信息，使得系统各部分有机协作，使生产的应变能力和总体效益大大超过各部分独立效益的总和。目前各种企业的仓储系统中，集成自动化仓储系统仍然是比较先进的仓储系统形式。

5. 智能自动化仓储阶段

20 世纪 90 年代后期以来，人工智能技术的发展促使仓储技术向更高级的智能化方向发展。智能仓库系统是集物料搬运、仓储科学和智能技术为一体的一门综合科学技术工程，因节约劳动力、作业迅速准确、保管效率高、物流费用低等优点而得到广泛重视。它是供应链、物流和生产制造中不可或缺的重要组成部分，其智能化管理在增加企业利润、提高企业竞争力和满足客户服务等方面已经成为一个重要的因素。

目前，我国仓储发展正处在集成自动化向智能自动化发展的阶段。智能自动化仓储结合人工智能技术发展，其系统解决方案由智能仓库机器人、可搬运货架、多功能工作站、机器人主体控制系统等一系列硬件、软件系统构成。以人工智能算法为核心的软件优化、调度各类硬件资源，高效准确地完成包括上架、拣选、补货、退货、盘点等仓库内全部的作业流程，使得智能化仓储具备了一定的自主学习和决策能力。

智能化仓储技术还处于初级发展阶段，主要表现形式为无人仓，利用自动化设备和机器人代替人工操作，商品的入库、存储、拣选、分选与出库等一系列操作皆由机器自动完成。

目前国内具有代表性的智能仓储无人仓为京东的“亚洲一号”无人仓和阿里巴巴的“菜鸟”无人仓，其中“菜鸟”无人仓已经发展到第 3 代，仓库机器人速度更快、续航时间更长、承重更高，并且添加了 5G 网络，可以通过物联网接口连接更多智能设备，处理存储、售卖、订单、包裹，可以直接从存储区发货，省掉中间环节，使单个立体仓库的吞吐能力成倍提高。

第 3 节　智慧物流前沿技术

《中国智慧物流 2025 应用展望》基于领先企业的实践项目及物流行业发展趋势，描绘了智慧物流应用框架及主要内容，其中指出了智慧物流应用的整体架构自上而下分为智慧化平台、数字化运营和智能化作业，如图 1-4 所示。

从图 1-4 可以看出，大数据 & 云计算、人工智能、物联网、机器人/自动化等技术是构成智慧物流体系的关键技术点。

1. 大数据 & 云计算

大数据（Big Data）研究机构 Gartner 给出了这样的定义，大数据是需要新处理模式才

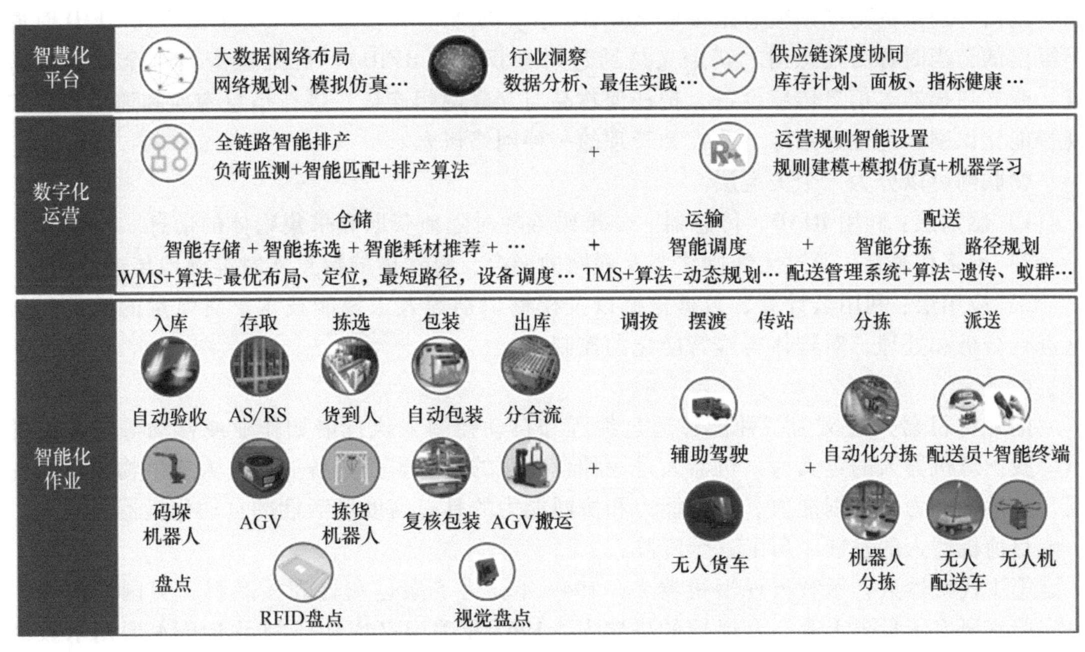

图 1-4 智慧物流应用的整体框架

能具有更强的决策力、洞察发现力和流程优化能力的信息资产。

云计算（Cloud Computing）具有众多的定义，目前广为接受的一种是美国国家标准与技术研究院（NTSI）的定义，即云计算是一种按使用量付费的模式，这种模式提供可用的、便捷的、按需的网络访问，进入可配置的计算资源共享池（资源包括网络、服务器、存储、应用软件、服务），这些资源能够被快速提供，人们只需要投入少量的管理工作。

从技术上看，大数据与云计算的关系就像一枚硬币的正反面一样密不可分。大数据必然无法用单台的计算机进行处理，必须采用分布式架构。它的特点在于对海量数据进行分布式数据挖掘，但它必须依托云计算的分布式处理、分布式数据库、云存储和虚拟化技术。

2. 人工智能

人工智能（Artificial Intelligence，AI）这一概念是在 1956 年“达特茅斯夏季人工智能研究计划”的一场讨论会上提出来的，约翰·麦卡锡为了将这一领域与诺伯特·维纳的控制论领域区分开并且摆脱其控制主义的影响，便创造出了“人工智能”这一新词汇。

目前，人工智能被视为计算机科学的一个分支，因此计算机科学将人工智能定义为对智能主体的研究，即任何可以通过感知环境来进行决策以最大机会实现目标的设备。而另外一个更为巧妙的定义这样描述人工智能：“系统具备正确识别外部数据，从数据中学习并能把学习到的东西灵活运用来完成实现特定目标或任务的能力”。这一表述更好地突出了人工智能的关键点在于人工系统的能力而不是载体。无论哪种定义都离不开构造具有一定智能的人工系统，研究如何让计算机去完成以往需要人类大脑智慧能力才能胜任的工作，也就是研究如何应用计算机的软硬件来模拟智能行为的基本理论、方法和技术。

3. 物联网

物联网（Internet of Things，IoT）的概念是在互联网概念的基础上，将其用户端延伸和扩展到任何物品与物品之间进行信息交换和通信的一种网络概念。

国内外公认的物联网概念是MIT Auto-ID中心的Ashton教授于1999年在研究RFID时最早提出的，当时称为传感网。其定义是通过射频识别（RFID）、红外感应器、全球定位系统、激光扫描器等信息传感设备，把任何物品与互联网相连接，进行信息交换和通信，以实现智能化识别、定位、跟踪、监控和管理的一种网络概念。

物联网可以分为三个关键层。

1）感知层：利用RFID、传感器、二维码等随时随地获取和采集物体的信息。

2）网络传输层：通过无线网络与互联网的融合，将物体的信息实时准确地传递给用户。

3）应用层：利用云计算、数据挖掘以及模糊识别等人工智能技术，对海量的数据和信息进行分析和处理，对物体实施智能化的控制。

4. 机器人/自动化

国外将机器人定义为一种能够通过编程和自动控制来执行诸如作业或移动等任务的机器。我国对机器人的定义为：机器人是一种自动化的机器，是具备一些与人或生物相似的智能，如感知能力、规划能力、动作能力和协同能力的具有高度灵活性的自动化机器。

目前机器人的发展经历了三个阶段：

第1代机器人：示教再现型机器人。1947年，为了搬运和处理核燃料，美国橡树岭国家实验室研发了世界上第一台遥控的机器人。1962年美国又成功研制了PUMA通用示教再现型机器人，这种机器人通过一台计算机控制一台多自由度的机械，通过示教存储程序和信息，工作时把信息读取出来，然后发出指令，机器人可以根据示教的结果，重复地复现这一动作。如汽车点焊机器人，在人们把点焊的过程示教完以后，机器人就可以重复点焊的工作。

第2代机器人：感觉型机器人。示教再现型机器人对于外界的环境没有感知，无法判断操作力的大小、工件是否存在、焊接成果的好与坏。因此，20世纪70年代后期，人们开始研究第2代机器人，称为感觉型机器人，这种机器人拥有类似人的某种感觉，如力觉、触觉、滑觉、视觉、听觉等，它能够通过特定的传感器来感受和识别工件的形状、大小、颜色等特征。

第3代机器人：智能型机器人。20世纪90年代以来发明的机器人带有多种传感器，可以进行复杂的逻辑推理、判断及决策，在变化的内部状态与外部环境中，自主决定自身的行为。

随着人们对机器人技术和以人工智能为代表的智慧化技术的结合发展，机器人技术开始源源不断地向人类活动的各个领域渗透。结合这些领域的应用特点，人们发展了各式各样的具有感知、决策、行动和交互能力的特种机器人和各种智能机器人。随着物流行业以AGV机器人（Automated Guided Vehicle）为代表的智能化机器人大规模的应用，推进了智慧物流仓储智能化的发展进程。

阅读拓展

智慧物流服务的无人驾驶车

智慧物流服务是无人驾驶车应用的重要社会服务领域。无人驾驶车在无人不在、无处不在和无时不在三个维度上优化了智慧物流服务的用户体验。作为连接物理空间和数字空间的物流服务媒介，无人驾驶车更及时、广泛地将服务提供者和使用者紧密连接，实现无人不在；基于位置技术提供移动服务，无人驾驶车使得智慧物流服务无处不在；不同于人类会疲劳需休息，无人驾驶车可以实现 24h 不打烊，便于用户有效利用碎片化时间享受智慧物流服务。

亚马逊、京东、腾讯、美国联邦快递、瑞士邮政、法国雷诺等互联网、物流、车企行业巨头均着眼于无人驾驶技术在物流服务场景中的应用。如 STARSHIP 公司推出了餐饮配送无人驾驶车，可以提供 6km 范围内的物流即时交付服务。用户可以通过手机 APP 订购商品，并对整个物流配送过程进行监控，如图 1-5 所示。

图 1-5 STARSHIP 公司推出的餐饮配送无人驾驶车

总结与评价

智慧物流综合运用大数据、云计算、物联网及人工智能等前沿技术，是现代物流业发展的重要趋势。物流业包含运输、仓储等七大功能要素，仓储作为物流的核心组成部分，其发展经历了人工仓储、机械化仓储等五个阶段。

1. 结合自己的学习和理解，完成本章节的知识结构图。

2. 根据自己的知识掌握情况填写下表。

序号	学习内容	掌握情况
1	智慧物流的特点	不了解　了解　理解
2	物流的七大功能要素	不了解　了解　理解
3	我国现代仓储发展的五个阶段	不了解　了解　理解
4	智慧物流前沿技术	不了解　了解　理解
5	物联网概念及关键层	不了解　了解　理解
6	机器人发展的三个阶段	不了解　了解　理解

第2章 CHAPTER 2 智能仓储体系架构

想一想：

设计一个智能仓储体系，需要综合考虑哪些因素才能使物流机器人高效完成取货、搬运、分拣等任务？

智能仓储系统是运用软件技术、互联网技术、自动分拣技术、光导技术、射频识别（RFID）技术、声控技术等先进的科技手段和设备对物品的进出库、存储、分拣、包装、配送及其信息进行有效的计划、执行和控制的物流活动，是智慧物流系统的核心组成部分。

第1节　智能仓储系统

一、智能仓储系统的组成要素

智能仓储系统主要由识别系统、搬运系统、储存系统、分拣系统以及管理系统五部分组成，如图2-1所示。

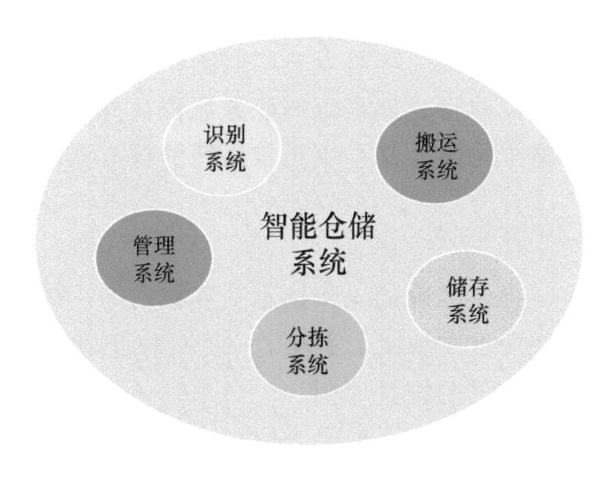

图2-1　智能仓储系统的组成要素

1. 识别系统

识别系统以 RFID 技术为核心，利用超高频 RFID 系统雷达反射原理，读写器通过天线向电子标签发出微波查询信号，电子标签被读写器微波能量激活，接收到微波信号后应答并发出带有标签数据信息的回波信号。

RFID 技术的基本特点是采用无线电技术实现对静止或移动的物体进行识别，达到确定待识别物体的身份、提取待识别物体特征信息（或标识信息）的目的。

2. 搬运系统

搬运系统以自动导引机器人（Automated Guided Vehicle，AGV）和自主移动机器人（Autonomous Mobile Robot，AMR）为核心，通过中央系统规划的路线或者自主规划的最优路线来进行货物的搬运，最终实现货物的存放和取出。

3. 储存系统

储存系统主要由立体化的货架仓库构成，又称高层货架仓库和自动存取系统（Automatic Storage/Retrieval System，AS/RS）。一般采用几层、十几层甚至几十层高的货架存放货物，用自动化物料搬运设备进行货物出库和入库作业。

4. 分拣系统

分拣系统主要由码垛机器人组成，码垛机器人能将不同外形尺寸的包装货物整齐地、自动地码（或拆）在托盘上。为充分利用托盘的面积和码堆物料的稳定性，机器人具有物料码垛顺序、排列设定器。根据码垛结构的不同，可以分为多关节型和直角坐标型码垛机器人，或者根据抓具形状的不同可以分为侧夹型、底拖型和真空吸盘型码垛机器人。

5. 管理系统

仓储管理系统由仓库管理系统（Warehouse Management System，WMS）和仓储控制系统（Warehouse Control System，WCS）组成。

仓库管理系统是通过入库业务、出库业务、仓库调拨、库存调拨和虚仓管理等功能，综合批次管理、物料对应、库存盘点、质检管理和即时库存管理等功能的综合信息化管理系统。

仓储控制系统有效控制并跟踪仓库业务的物流和成本管理全过程，实现完善的仓储信息管理。该系统既可以独立执行物流仓储库存操作，也可以实现物流仓储与企业运营、生产、采购、销售智能化集成。

仓储控制系统位于仓储管理系统与物流设备之间的中间层，负责协调、调度底层的各种物流设备，使底层物流设备可以执行仓储系统的业务流程，并且这个过程完全是按照程序预先设定的流程执行，是保证整个物流仓储系统正常运转的核心系统。

二、智能仓储系统设计原则

智能仓储系统为操作人员提供准确的操作指示及复核功能，整个仓库的收货、上架、库存管理、拣货、发运达到了快而准的要求，实现了仓库一体化管理。为了达到这些要求，智能仓储系统在设计时需要遵循以下的设计原则。

1. 实时性

采用高速无线网络技术，使得仓库的所有计划、操作、调度、控制和管理全部具有实时性，大大提高仓库现有设备和人员的效率，实现物流管理的最大效益。

2. 整体性

涉及无线手持设备、无线接收设备、数据库前台以及后台的数据库服务器，虽然它们之间在物理上是相互分离的，但均有各自的系统支持，为了使各部分能够统一协调的工作，设计时必须确保它们之间整体的一致性。

3. 稳定性

设计智能仓储系统时，加入错误分析模块，对所有可能出现的错误进行校验。另外设计中要对系统的效率和稳定性进行优化处理，使系统在保证速度的同时确保稳定性。通过以上措施使得系统在运行过程中，即使出现人为的错误或来自系统的随机错误，也不会影响系统运行。

4. 先进性

集大数据、物联网、人工智能、机器人自动化和条码等自动识别感知技术为一体进行智能化设计。

5. 可扩充性和可维护性

根据软件工程原理，智能仓储系统的维护在整个软件的生命周期中所占比重最大，因此，提高系统的可扩充性和可维护性是提高此系统性能的必备手段。智能仓储系统采用结构化、模块化架构，可根据需要修改某个模块、增加新的功能，使其具有良好的可维护性。智能仓储系统还预留有与其他子系统的接口，使此系统具有较好的可扩充性。

第 2 节　智能仓储系统架构设计

一、智能仓储系统架构简介

为了实现仓储管理过程中数据信息流与货物实体流动的时空同步，智能仓储系统架构需要注重信息的感知、封装、上传、解析和处理等各方面的操作，既要保持信息的完整性又要加快数据传输和处理能力，还要注重对硬件执行层面的控制，达到快速响应和精确执行，使得数据信息能够快速建立与上层业务的关联，提供给上层业务有效的数据支持，以加快整体业务的作业效率。

从架构层次上分析，信息采集和信息通信阶段完成了智能仓储系统中由硬件设施集成带来高效地信息获取，收集和稳定上传功能。中间处理阶段在系统架构中是一个数据逻辑处理的核心和信息算法服务资源池，实现对原始数据的数据处理、数据融合和事件分析等功能，可以很好地将原始信息封装成上层应用程序服务供上层系统业务运作应用，有利于加快上层业务之间的衔接，仓储管理中子业务间的传递和信息共享，以信息流动拉动货物实体的流动，从而促进货物在仓储环节内的高效流转，达到提高效率、降低成本的目的。

智能仓储系统的架构图如图 2-2 所示。

以本书配套教具——5 台 AGV（物流机器人）为例，按上述架构逐步设计的模拟智能仓储系统整体效果如图 2-3 所示。

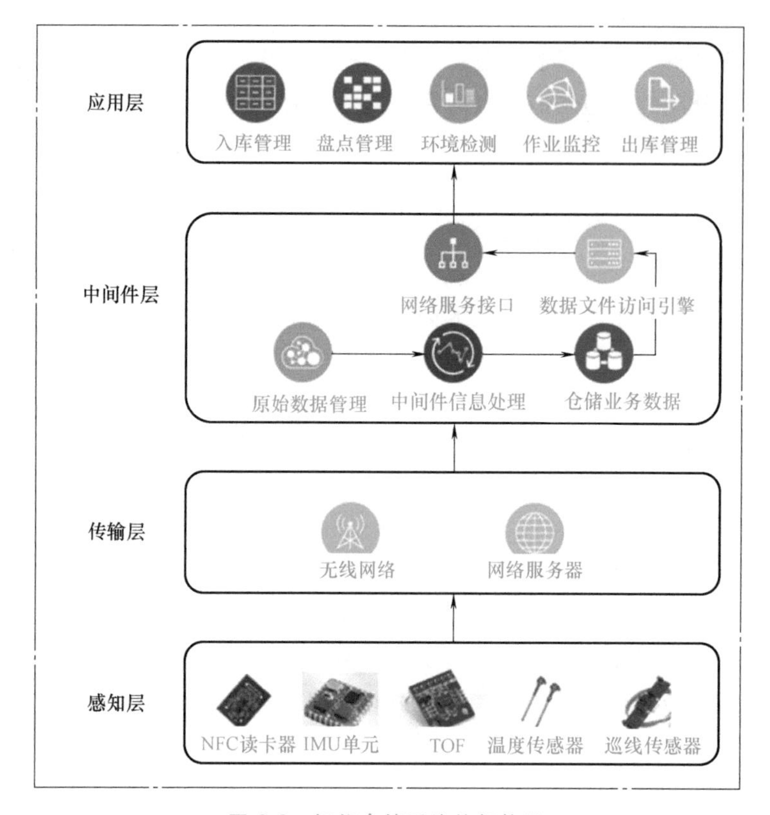

图 2-2　智能仓储系统的架构图

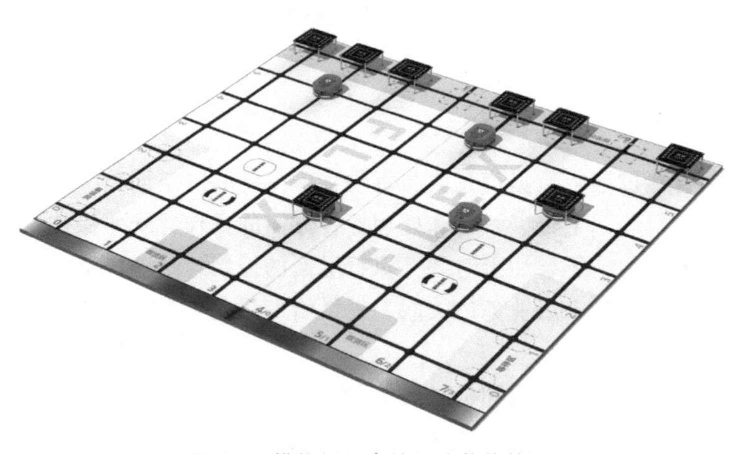

图 2-3　模拟智能仓储系统整体效果

二、架构设计与搭建

经过之前对智能仓储架构设计要点的说明，结合智能仓储系统的组成和设计原则，我们将要介绍智能仓储系统架构搭建的具体步骤。

1. 应用层和中间件层的设计

应用层和中间件层的设计为软件系统，即前文提到的仓储控制系统（WCS）和仓储管理系统（WMS），一般情况下 WCS 集成在 WMS 之上。

WMS 对货物的流动进行信息管理和控制，WCS 对仓储系统中的机器人进行直接控制，将 WMS 分配的任务订单利用机器人准确地存储到指定的货架上。整个系统通过 TCP/IP 网络进行通信，物流控制系统结构如图 2-4 所示。

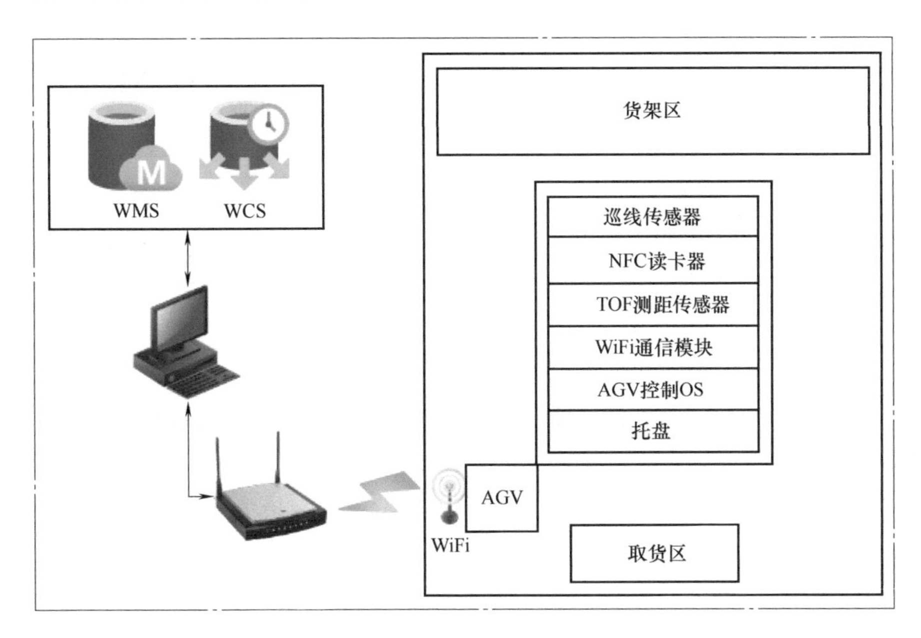

图 2-4 物流控制系统结构

整个管理系统采用 C/S 架构，用户使用客户端即可监控查看整个系统。管理系统以数据库为核心，对于设备状态、物料产品的出入库、AGV 控制等都是通过将命令数据更新到系统数据库建立的对应数据表中，管理系统对各个表的读取获得命令，下发到各指令表控制设备运行。管理系统可查询数据库中的订单状态、AGV 运行状态等数据，从而也更直观地显示在管理系统页面上。

2. 传输层设计

传输层的设计主要为系统各部分之间进行通信的链路设计，由客户端、服务端和执行端组成。由于存在大量的移动客户端和移动机器人需要连接到系统中，因此无线网络设计在系统中十分必要。网络设计采用无线 WiFi 的方式进行覆盖，可以容纳众多的移动端，满足数据延迟和通信带宽的需求。传输协议采用 MQTT 协议，可以更高效地对移动机器人进行数据通信和控制。传输层结构设计如图 2-5 所示。

MQTT（Message Queuing Telemetry Transport，消息队列遥测传输）协议是一种基于发布/订阅（Publish/Subscribe）模式的轻量级通信协议，该协议构建于 TCP/IP 之上，由 IBM 公司于 1999 年发布。

MQTT 协议最大的优点在于可以以极少的代码和有限的带宽，为远程设备提供实时可靠的消息服务。作为一种低开销、低带宽占用的即时通信协议，MQTT 协议在物联网、小型设备、移动应用等方面有广泛的应用。

3. 感知层设计

感知层的设计重点在于机器人内部状态和外部状态的感知。在仓储过程中，货物的流动

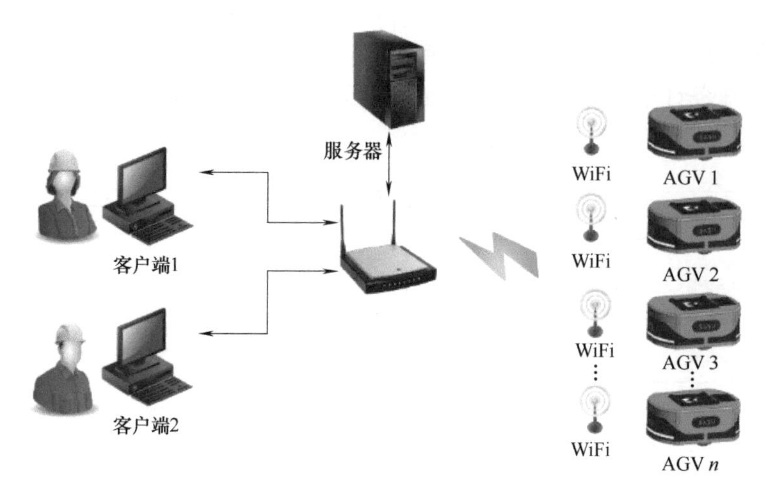

图 2-5　传输层结构设计

状态与搬运机器人的工作状态直接相关。通过机器人工作状态的感知和监测可以得出货物的流动状态。

对机器人状态的感知主要来源于各种传感器，包括 NFC 读卡器、惯性传感器、TOF 测距传感器、温度传感器和巡线传感器等。通过这些传感器采集对应的数据，并且结合机器人的传感器融合技术，将感知信息实时地传输到上层，从而让系统可以准确地把控仓储中货物流动状态的信息和系统工作状态的信息。

阅读拓展

智能仓储技术在危废处置厂的应用前景

随着制造业及医疗水平的提高，居民生活质量提升，危废的产量也快速增加。有关数据显示，2016 年危废产量达 5347t。我国危废处置及利用率低，据不完全统计，截至 2019 年年底全国有近 3500 个危废处置厂，其中大部分仓库都是采用老式平面库，应用仓储系统及自动化设备的危废处置厂不足 0.5%。

随着互联网的爆炸式发展，网络购物用户规模急剧增大，刺激电商行业迅猛发展，拉动物流快递行业迅速壮大，此时传统的仓储作业方式（人力+机械）已远不能满足零售行业的作业效率及运营需求。不断上升的人工费用和下降的快递单价，加快了仓储物流的自动化建设。

预测未来危废仓储将向三个方面发展：

1. 系统化管理

仓储管理系统可利用算法和系统组织、优化运行，加快物流和信息流，保证物、人、车精确执行，实现动态存储。

2. 智能化队伍

未来可根据 WMS 中存储的物料信息，按照配伍算法自动生成取货任务表，并给 AGV 叉车发出取料指令。当配伍计算过程中发现缺某种物料时，系统会提前给出提示信息，以便及时添加，从而满足生产需求。

3. 装备化作业

仓库作业自动化设备主要有自动化立库和无人 AGV，自动化设备替代人工进行搬运、存取等操作，以确保作业的及时性、准确性，同时避免了安全隐患。自动化立库能提高存储效率，减少人工劳动，降低库存积压。

总结与评价

智能仓储系统主要由识别、搬运等五部分构成，其体系架构由应用层、中间件层等四层结构组成，设计时需考虑实时性、先进性等要素。

1. 结合自己的学习和理解，完成本章节的知识结构图。

2. 根据自己的知识掌握情况填写下表。

序号	学习内容	掌握情况
1	智能仓储系统的概念	不了解　了解　理解
2	智能仓储系统的组成要素	不了解　了解　理解
3	智能仓储系统的设计原则	不了解　了解　理解
4	智能仓储系统架构	不了解　了解　理解
5	智能仓储系统架构的搭建步骤	不了解　了解　理解

第2部分

物流机器人机电设计

在智慧物流仓库中，会有多台机器人同时工作，有条不紊地进行货物搬运。即便起点和终点一致，它们的路径也不会冲突。运输过程中，机器人速度稳定且能避开障碍物，除此之外，它们还可以监测自身状态。

如何设计物流机器人才能实现上述场景呢？机器人需要获取哪些环境信息？如何处理这些信息并根据处理结果执行相应任务？

第3章 机器人信息感知

CHAPTER 3

想一想：

人可以通过眼睛看到多彩的世界，通过耳朵听到周围的声音，通过鼻子闻到世界的芬芳；机器人是通过什么途径与外界进行交互的呢？

智能仓储管理系统需要实时收集和处理来自货物、硬件设备等多方的信息，才能促进各子系统业务的信息共享与高效协调运转。对于机器人来说，无论是同外部环境进行交互还是感知自身状态，都需要通过特定的传感器获取相应信息。机器人传感器就是机器人的感觉器官，能使机器人拥有类似于人的感知能力。传感器的种类众多，根据不同分类的方法其类型也有很多，不同类型的传感器组合构成了机器人的感知系统。通过传感器提供的信息，机器人不仅可以对自身的姿态、速度、加速度等进行控制，而且可以进行任务规划、路径规划去完成既定的工作任务和目标。

第1节 信息感知与传感器

信息感知（Information Perception）是指信息用户对信息感觉和知觉的总称，它是信息用户吸收和利用信息的开端。搭载在机器人中的常用传感器分布如图 3-1 所示。

物流机器人搭载的传感器是物流机器人能对外界进行感知判断的装置，这些装置可以把位置、温度、距离等非电量转换成电量并输出，物流机器人通过传感器的测量感知环境。传感器和计算机控制系统相互协作，通过程序来控制机器人的行动。传感器对外界信息的检测能力、自身故障的自诊断能力、采集信息后的数据处理能力和自适应能力，体现了传感器的先进程度，其智能化程度与灵敏程度的高低，直接影响物流机器人的灵活和智能化程度。对于机器人而言，不管是同外部环境进行信息交换，还是感知自身的运动情况，都必须通过传感器来获取相应的信息。

图 3-2 所示为本书配套的物流机器人（AGV）实体图示例。

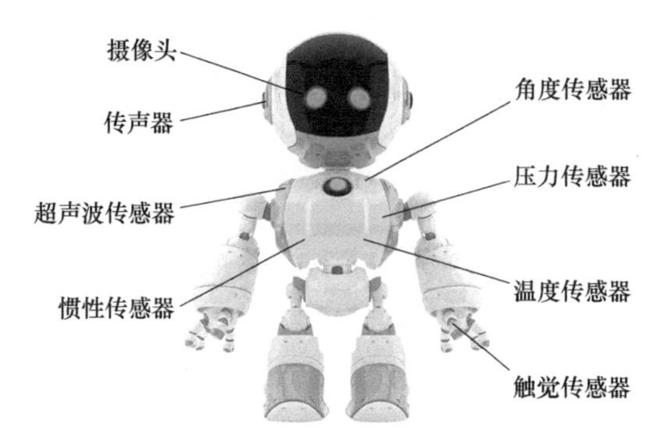

图 3-1 机器人搭载的传感器

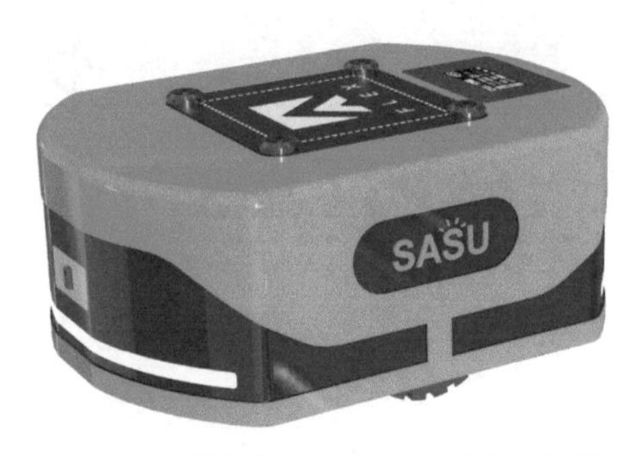

图 3-2 物流机器人（AGV）实体图示例

机器人传感器根据检测对象的不同主要分为内部传感器和外部传感器。

内部传感器指用来感知和检测机器人本身运动状态的传感器。这类传感器主要感知与机器人自身参数相关的内部信息，如电压、电流、温度、速度、加速度以及位置等，还可以监测机器人的角度等。

外部传感器用以检测机器人所处的环境状况，常用于测量机器人自身以外的物理信息，如障碍物的位置远近、形状颜色、距离和接触受力等情况。常见的外部传感器主要有视听觉传感器、触力觉传感器、接近距离觉传感器、嗅味觉传感器和生物仿生传感器等。

第 2 节 自身信息感知

一、电量监测传感器

锂电池具有高存储能量、寿命长、重量轻和无记忆效应等优点，广泛应用于移动便携式电子设备。随着电子设备的功能不断完善，锂电池需更长的单次充电时间以保障设备长时间工作。

随着大容量电池的使用，如果设备能够精确了解电池的电量，不仅能够有效地保护电池，防止过度放电，同时也能够实时地监测电量、电压和电流信息，预测用电故障和剩余时长。因此，电量计被大量引入智能电子设备中，电量信息的展现形式已由传统的柱状图进化为更加精确的数字（%）或曲线图，如图 3-3 所示。

图 3-3 电量计电量信息的展现形式

目前电量监测的方法一般有以下三种。

1. 直接电池电压监控方法

通过简单地监控电池的电压来估算电池电量。尽管该方法精度较低且缺乏对电池的有效保护，但因为其简单易行，目前被广泛使用。锂电池的放电特性曲线中，电池的电量与电压之间呈非线性关系，这种非线性导致了电压直接检测方法的精度低，电量检测误差>20%，从而导致电池电量只能分段式显示，无法以精确的数字表示。

2. 库仑计方法

库仑计的测量原理是在电池的正极或者负极串入一个电流检测电阻，一旦有电流流入或者流出电池，就会在电阻的两端产生电压，通过检测该电压就可以计算出流过电池的电流，如图 3-4 所示。该电流与时间做积分就是变化的电量，因此可以精确跟踪电池的电量变化，检测误差<1%。尽管库仑计在使用时需要校正初始电量值，且电流和电阻的误差直接降低了计算精度，但是结合电池电压和温度的计算方法可以较好地减小锂电池初次电量预估、电池老化、电流检测电阻精度等因素对测量结果的影响。

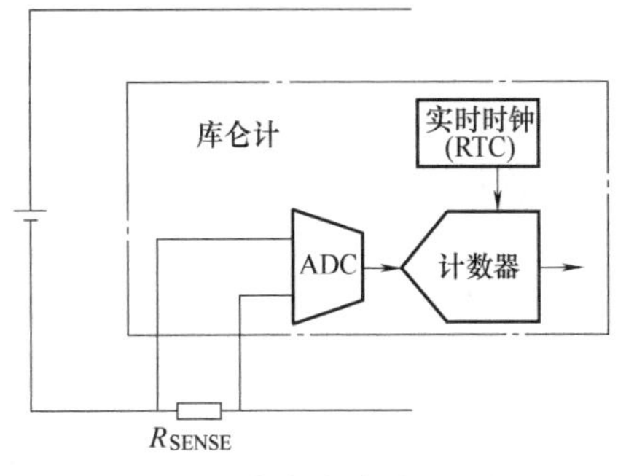

图 3-4 库仑计的测量原理

3. 电池建模方法

根据锂电池的放电曲线，建立一个数据表，每测量一个电压值，根据该电压去表中查出所对应的电量。该方法有效地提高了电量的测量精度（>95%），可忽略电池电量的初始校正，但是该数据表的建立是一个复杂的过程，尤其是考虑到电池的温度、自放电、老化等因素的影响，并且该表对不同容量和类型的电池的兼容性也不高，需要结合温度和电池寿命等因素进行修正，才能得到较高的测量精度。本书配套的物流机器人即采用该方法，如图 3-5 所示。

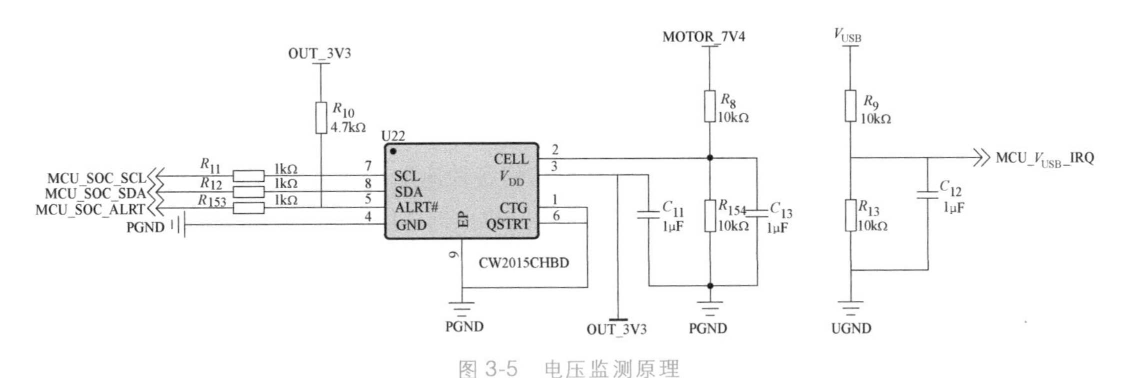

图 3-5 电压监测原理

二、温度传感器

温度传感器是指能感受温度并转换成可用输出信号的传感器，是温度测量仪表的核心部分。常见的温度传感器有热电偶温度传感器、热电阻温度传感器和半导体温度传感器。

两种不同成分的导体（称为热电偶丝或热电极）两端接合成回路，当接合点的温度不同时，在回路中就会产生电动势，这种现象称为热电效应，而这种电动势称为热电动势。热电偶就是利用这种原理进行温度测量的，其中直接用作测量介质温度的一端称为工作端（也称为测量端），另一端称为冷端（也称为补偿端）。热电偶结构简单、测量范围宽、使用方便、测温准确可靠，以及信号便于远传、自动记录和集中控制，因而在工业生产中应用极为普遍。热电偶温度计原理如图 3-6 所示。

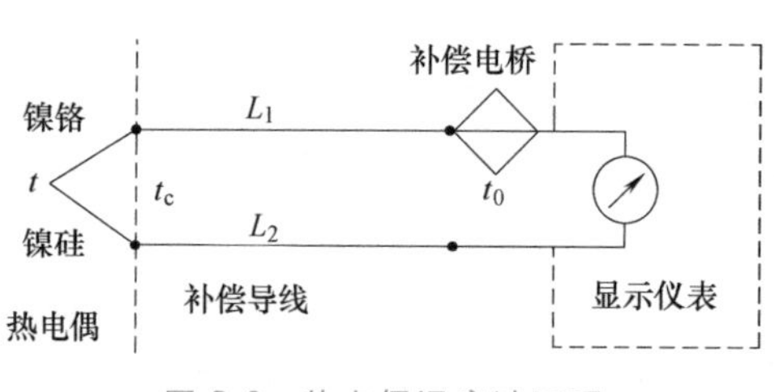

图 3-6 热电偶温度计原理

热电阻是基于导体或半导体的电阻值随温度变化而变化这一特性来测量温度及与温度有关的参数。热电阻大都由纯金属材料制成，目前应用最多的是铂和铜，现在已开始采用镍、锰和铑等材料制造热电阻。热电阻通常需要把电阻信号通过引线传递到计算机控制装置或者其他二次仪表上，因此热电阻温度测量元件在使用时都会接入电桥电路中。热电阻温度计原理如图 3-7 所示。

半导体温度计（Semiconductor Thermometer）是利用半导体器件与温度具有的特性关系构成的温度测量仪表。半导体温度计简单易用，一般按照输出方式分为电流型或者电压型，使用时直接将输出引脚接到对应的 ADC 转换器件上，即可得到温度值。半导体温度测量器件既可以独立使用，也可以集成到半导体器件内部使用。本书中采用 TI 公司的 LM20 半导体温度传感器，如图 3-8 所示。

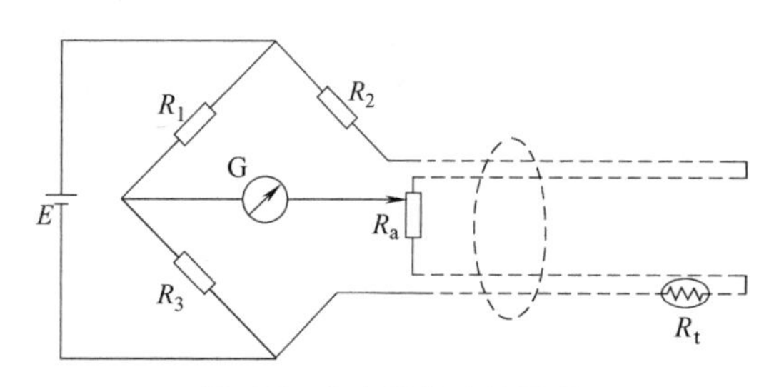

图 3-7 热电阻温度计原理

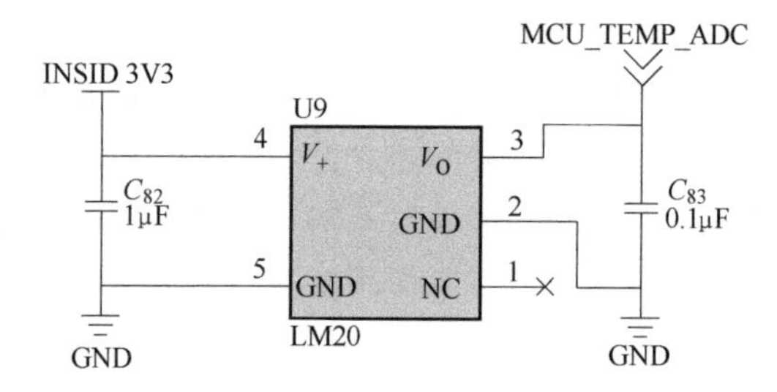

图 3-8 LM20 半导体温度传感器原理

三、速度传感器

物流机器人需要对速度进行精确测算，从而达到各种速度的精确控制及里程的精确计算。常用的速度传感器为旋转编码器，常见的集成到电动机上的编码器有光学式、霍尔式两种。

光学编码器由 LED 光源（通常是红外光源）和光电探测器组成，二者分别位于编码器码盘两侧。码盘由塑料或玻璃制成，上面间隔排列着一系列透光和不透光的线或槽。码盘旋转时，LED 光路被码盘上间隔排列的线或槽阻断，从而产生两路典型的 A、B 相方波正交脉冲，可用于确定轴的旋转和速度。

霍尔编码器的结构与光学编码器类似，但它利用的是磁场而非光束。磁性编码器使用磁性码盘替代带槽光电码盘，磁性码盘上带有间隔排列的磁极，并在霍尔效应传感器或磁阻传感器上旋转。码盘的任何转动都会使这些传感器产生响应，而产生的信号将传输至信号调理前端电路以确定轴的位置。相较于光学编码器，磁性编码器的优势在于更耐用、抗振和抗冲击。光学和霍尔旋转编码器结构及工作原理如图 3-9 所示。

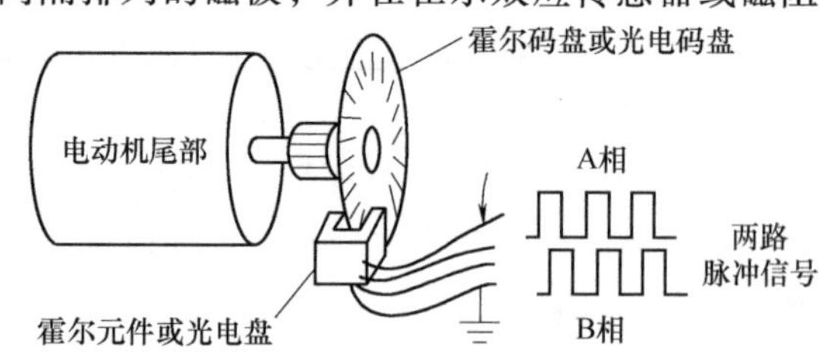

图 3-9 光学和霍尔旋转编码器结构及原理

四、加速度和角度传感器

物流机器人为了监测自身的运动状态，通常直接测量机器人本身的加速度和角度。加速度传感器内部晶体会因加速度造成变形，而变形会产生电压，只要计算出产生电压的大小和所施加的加速度大小的关系，就可以把加速度信息转换成电信号输出。物流机器人在使用中同时使用空间直角坐标系三个轴向的加速检测，因此需要使用三轴加速度传感器。

加速度计用来检测机器人三个方向的加速度，机器人的转向角度需要使用陀螺仪进行测量。陀螺仪主要利用角动量守恒原理，因此它主要是一个不停转动的物体，它的转轴指向不随承载它的支架的旋转而变化。由于机器人等各种电子设备体积的限制，无法安装一个机械的陀螺仪到机器人内，因此发展出了微机械陀螺仪，它的工作原理是利用科里奥利力，即旋转物体在有径向运动时所受到的切向力。如果物体在圆盘上没有径向运动，科里奥利力就不会产生。因此，在芯片的陀螺仪设计上，使用微机电系统驱动转动体，不停地来回做径向运动或者振荡，与此对应的科里奥利力就不停地在横向来回变化，并有可能使物体在横向做微小振荡，相位正好与驱动力差 90°。微机电系统陀螺仪通常有两个方向的可移动电容板。径向的电容板加振荡电压迫使物体做径向运动，横向的电容板测量由于横向科里奥利力运动带来的电容变化。因为科里奥利力正比于角速度，所以由电容的变化可以计算出角速度。在立体空间中角度测量同样具有三个轴向，因此常用三轴的陀螺仪芯片。

由于陀螺仪和加速度计使用的场合十分重合，因此不少厂商把二者制作在一起，封装成一个半导体芯片，如图 3-10 所示为 MPU-6050 芯片，三轴陀螺仪和三轴加速度计相加为六轴，于是也称为六轴姿态传感器。

图 3-10 MPU-6050 芯片

五、电子罗盘传感器

在以前没有 GPS 定位导航的时代，人们常常使用罗盘确定方向。在机器人的运动过程中，借助电子罗盘传感器来辅助机器人判定运动的方向。电子罗盘又称数字罗盘，在现代技术中电子罗盘作为导航仪器或姿态传感器已被广泛应用。目前最常用的是三维电子罗盘，本书智能物流机器人中所集成的就是 HMC5883L 电子罗盘模块，如图 3-11 所示。

图 3-11 HMC5883L 电子罗盘模块

三维电子罗盘由三维磁阻传感器、双轴倾角传感器和微处理器构成。三维磁阻传感器用来测量地球磁场，双轴倾角传感器是在磁力仪非水平状态时进行补偿；微处理器处理磁力仪和倾角传感器的信号以及数据输出等。

磁力仪采用三个互相垂直的磁阻传感器，每个轴向上的传感器检测在该方向上的地磁场强度。向前的方向称为 X 方向的传感器，检测地磁场在 X 方向的矢量值；向右或 Y 方向的传感器检测地磁场在 Y 方向的矢量值；向下或 Z 方向的传感器检测地磁场在 Z 方向的矢量值。每个方向的传感器灵敏度都已根据在该方向上地磁场的分矢量调整到最佳点，并具有非常低的横轴灵敏度。传感器产生的模拟输出信号进行放大后送入微处理器进行处理。

磁场测量范围为±2Gs（$1Gs=10^{-4}T$），通过采用12位A/D转换器，磁力仪能够分辨出小于1mGs的磁场变化量，便可通过该高分辨力来准确测量200~300mGs的X和Y方向的磁场强度。

第3节　环境信息感知

一、红外光电传感器

常见的物流机器人按照导引线在仓库中进行穿梭，实现方法有磁导引线、黑色导引线、二维码标识等。本书实训地图用到的就是黑色导引线，识别黑色导引线的常用方式就是利用红外光反射，利用黑色导引线和背景的颜色差异对光线的反射率不同从而检测到黑色导引线，ST188就是一款单光束自反射式光电传感器，如图3-12所示。

图3-12　ST188红外光电传感器

ST188红外光电传感器上有两个LED，分别是红外发射LED与接收红外信号的光电晶体管。工作时，红外发射LED发射红外光，光电晶体管平时接收不到发射的红外光，只有当传感器前面一定距离范围内有物体遮挡时，发射的红外光会在物体表面反射，从而被光电晶体管接收，实现对一定距离范围内的颜色差异的检测。

二、TOF测距传感器

物流机器人在运行过程中需要时刻检测前方是否有障碍物。TOF技术由于其诸多优良的特性在很多方面已经替代红外测距、超声波等检测障碍物的传感器。TOF是飞行时间（Time of Flight）的缩写，即传感器发出经调制的近红外光，遇物体后反射，传感器通过计算光线发射和反射时间差或相位差计算被测物体的距离。TOF测距传感器测量基本原理如图3-13所示。

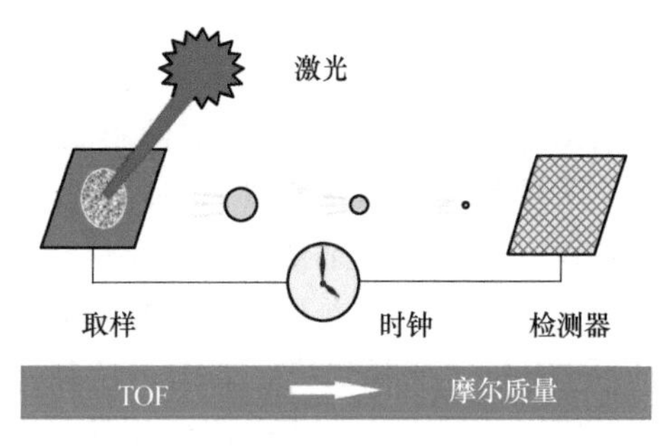

图3-13　TOF测距传感器测量基本原理

三、RFID射频读卡器

在物流系统的货物搬运过程中，由于有多个机器人同时运行，系统需要精确地知道每个机器人在仓库区域内的绝对位置，因此会在仓库区地面贴射频识别（Radio Frequency Identification，RFID）卡片、RFID通过无线射频方式进行非接触双向数据通信，利用无线射频方式对记录媒体（电子卡片或射频卡）进行读/写，从而达到识别目标和数据交换的目的，被认为是21世纪最具发展潜力的信息技术之一。

RFID 技术的基本工作原理并不复杂：卡片进入阅读器后，接收阅读器发出的射频信号，凭借感应电流所获得的能量发送存储在芯片中的产品信息（Passive Tag，无源标签或被动标签），或者由卡片主动发送某一频率的信号（Active Tag，有源标签或主动标签），阅读器读取信息并解码后，送至中央信息系统进行数据处理。RFID 工作原理如图 3-14 所示。

仓库区地面贴 RFID 卡片，阅读器安装在物流机器人上，机器人经过卡片所在位置便相当于卡片进入阅读器，阅读器就可以获取卡片存储的位置信息，即获得机器人在仓库内的绝对位置，并传输数据给控制计算机。

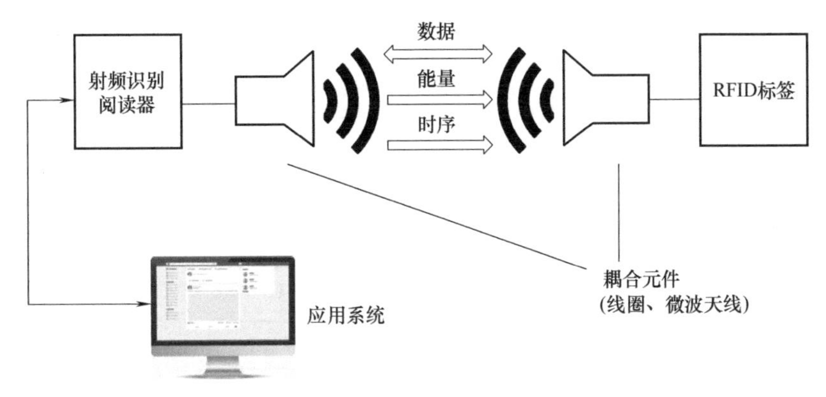

图 3-14　RFID 工作原理

第 4 节　多传感信息融合

通常来讲，信息融合就是对多传感器的数据进行多级别、多方面、多层次的处理，即组合或融合来自多个传感器或其他信息源的数据，以获得综合的、更好的估计。由于信息融合的定义都是功能性的描述，美国国防部实验室联合理事会（JDL）从军事应用的角度将数据融合进行了定义，Waltz 和 Llinas 两位行业权威专家对其进行了补充和修改，给出了信息融合较完整的定义：一种多层次、多方面的处理过程，这个过程是对多源数据进行检测、结合、相关、估计和组合，以达到精确的状态估计和身份估计，以及完整及时的态势评估和威胁估计。

近年来，信息融合技术在基本理论和实现方法上得到极大的完善，显示出自身极大的优越性，主要表现在容错性好、系统精度高、信息处理速度快、互补性强、信息获取成本低等方面。

信息融合的关键问题是模型设计和融合算法，信息融合模型主要包括功能模型、结构模型和数学模型。功能模型从融合过程出发，描述信息融合包括哪些主要功能和数据库，以及进行信息融合时系统各组成部分之间的相互作用过程；结构模型从信息融合的组成出发，说明信息融合系统的软、硬件组成，相关数据流、系统与外部环境的人机界面；数学模型是信息融合的算法和综合逻辑，算法主要包括分布检测、空间融合、属性融合、态势评估和威胁估计算法等。下面从三个方面对信息融合模型进行介绍。

一、信息融合的功能模型

目前已有很多学者从不同角度提出了信息融合系统的一般功能模型，最具权威性的是由美国国防部 JDL 下面的 C3I 技术委员会（TPC3）数据融合专家组（DFS）提出的功能模型。

该模型把信息融合分为三级。第一级是单源或多源处理，主要是数字处理、跟踪相关和关联；第二级是评估目标估计的集合以及它们彼此和背景的关系来评估整个情况；第三级用一个系统的先验目标集合来检验评估的情况。信息融合三级模型如图 3-15 所示。

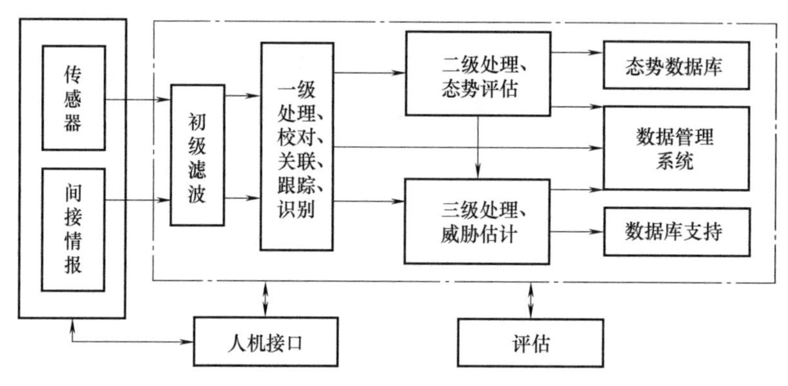

图 3-15　信息融合三级模型

二、信息融合的结构模型

数据融合的结构模型有多种不同的分类方法，其中一种分类标准是根据传感器数据在送入融合处理中心之前已经处理的程度来进行分类，在这种分类标准下，融合结构被分为传感器级数据融合、中央级数据融合及混合式融合。还可以根据数据处理过程的分辨率来对融合结构进行分类，在这种情况下，融合结构分为像素级融合、特征级融合和决策级融合。

三、多传感器信息融合模型

该方法实现的数学模型信息融合涉及多方面的理论和技术，如信号处理、估计理论、不确定性理论、模式识别、最优化技术、模糊数学和神经网络等，这方面国外已经做了大量的研究。目前，这些方法大致分为两类，即随机类方法和人工智能方法。

1. 随机类方法

随机类方法研究的对象是随机的，随机类方法包括很多，这里只介绍三种方法。

（1）贝叶斯推理法

贝叶斯推理法把每个传感器看作是一个贝叶斯估计器，用于将每一个目标各自的关联概率分布综合成一个联合后验分布函数，然后随观测值的到来，不断更新假设的该联合分布似然函数，并通过该似然函数的极大或极小进行信息的最后融合。

虽然贝叶斯推理法解决了传统推理方法的某些缺点，但是定义先验似然函数比较困难，要求对立的假设彼此不相容，无法分配总的不确定性，因此，贝叶斯推理法具有很大的局限性。

（2）Dempster-Shafer（D-S）证据理论

Dempster-Shafer 的依据理论是一种广义的贝叶斯推理方法，它是通过集合表示命题，把对命题的不确定性描述转化为对集合的不确定性描述，利用概率分配函数、信任函数、似然函数来描述客观证据对命题的支持程度，用它们之间的推理与运算来进行目标识别。D-S 证据理论可以不需要先验概率和条件概率密度，并且能将“不知道”和“不确定”区分开来，但是它存在潜在的指数复杂度问题和要求证据是独立的问题。

（3）卡尔曼滤波融合算法

卡尔曼滤波融合算法利用测量模型的统计特性，递推确定在统计意义下最优的融合数据估计，适合线性系统的目标跟踪，并且一般适用于平稳的随机过程。它要求系统具有线性的动力学模型，且系统噪声和传感器噪声是高斯分布白噪声模型，计算量大，对出错的数据非常敏感。

2. 人工智能方法

用于多传感器数据融合的计算智能方法有小波分析理论、模糊集合理论、神经网络、粗集理论和支持向量机等，限于篇幅只介绍小波变换和神经网络方法。

（1）小波变换

小波变换是一种新的时频分析方法，它在多信息融合中主要用于图像融合，即把多个不同模式的图像传感器得到的同一场景的多幅图像，或同一传感器在不同时刻得到的同一场景的多幅图像，合成为一幅图像的过程。经图像融合技术得到的合成图像可以更全面、精确地描述所研究的对象。基于小波变换的图像融合算法首先用小波变换将各幅原图像分解，然后基于一定的选择规则，得到各幅图像在各个频率段的决策表，对决策表进行一致性验证得到最终的决策表，在最终决策表的基础上经过一定的融合过程，得到融合后的多分辨表达式，最后经过小波逆变换得到融合图像。

（2）神经网络

神经网络方法是在现代神经生物学和认知科学对人类信息处理研究成果的基础上提出的，它具有大规模并行处理、连续时间动力学和网络全局作用等特点，将存储和操作合二为一。利用人工神经网络的高速并行运算能力，可以避开信息融合中建模的过程，从而消除由于模型不符或参数选择不当带来的影响，并实现实时识别。

在物流机器人运动的过程中，机器人需要同时接收红外光电传感器、TOF 测距传感器、RFID 传感器、速度传感器、加速度计、角速度计和电子罗盘的综合信息，根据优先级关系综合控制物流机器人的运动，保证机器人在运动场地上准确地沿着黑色导引线按照预定的速度准确地进行前进或转弯，如遇到 TOF 检测到障碍物或其他机器人，则暂停运动和上报状态，让计算机端应用软件 Flex-PF 重新规划路径。

阅读拓展

物流机器人导航定位

物流机器人在工作过程中需要不断获取当前的工作状态与位置，使物流机器人能够实时躲避障碍物，从而顺利完成工作，达到目标。物流机器人在导航定位时采用两种方法，分别是相对定位和绝对定位，如 GPS、信标等属于绝对定位，而惯性导航、里程计则属于相对定位。

在机器人的左、右两边装有传感器，车轮在运行过程中会通过传感器收集数据，通过对收集到的数据进行计算可以得出车轮的转速，然后将转速传到云端服务器。物流机器人系统的研发是基于 STM32 完成的，主要是将光电传感器与电子罗盘数据结合在一起，通过对移动距离与角度的计算，测算出机器人的坐标、距离、位置。通过对 RSSI（接收信号的强度指示）数据的解析，建立 BLE（蓝牙 4.0）定位的分类模型，实时收集 RSSI 的数据，并对该数据进行分类输入，从而获取机器人的位置。在云端服务器中，将两种定位方法结合进行决策。

一般机器人会分三个方向运动，如图 3-16 所示，需要结合多个传感器的数据信息判断其运动状态及坐标。光电传感器传输的数据是机器人定位的主要依据。

a) 直行　　b) 左转　　c) 右转

图 3-16　机器人的几种转向方式

总结与评价

内部传感器用来感知和检测机器人本身的运动状态，包括电量监测传感器、温度传感器等；外部传感器用来检测机器人所处的环境状况，如红外光电传感器等。

1. 结合自己的学习和理解，完成本章节的知识结构图。

2. 根据自己的知识掌握情况填写下表。

序号	学习内容	掌握情况
1	信息感知的定义	不了解　了解　理解
2	传感器的定义	不了解　了解　理解
3	传感器的分类	不了解　了解　理解
4	自身信息感知的传感器有哪些	不了解　了解　理解
5	环境信息感知的传感器有哪些	不了解　了解　理解
6	信息融合模型有哪几种	不了解　了解　理解

第4章 机器人控制决策

CHAPTER 4

想一想：

一个人走在路上，突然看见前方有一棵大树，经由大脑简单思考后人会下意识躲开大树，那么获取环境信息后，机器人的“大脑”是如何思考的？

控制系统是机器人系统中最重要的组成部分，一方面它通过传感器系统收集环境信息，进行分析处理，建立环境模型；另一方面它通过人机交互系统或通信系统接收指令，进行任务规划，再根据环境模型产生相应的行为动作。

第1节　嵌入式控制系统

智慧物流需要机器人的参与，物流机器人系统包括机械系统、驱动系统、控制系统和感知系统，其中控制系统相当于人的大脑，在系统中起重要作用，其任务是根据机器人的作业指令程序以及传感器反馈的信号控制机器人的执行机构，使其完成规定的运动和功能。

以下均以物流机器人为例介绍其嵌入式控制系统。

一、控制原理

控制系统由具有特定功能的硬件和软件构成，设计一个智能控制系统，首先需要确定一个适当的体系结构，实现系统模块之间的合理协调，并使系统在软、硬件方面具有开放性与可扩展性。

物流机器人控制系统的整体框架如图 4-1 所示。

物流机器人的整个控制系统由软件和硬件组成，其中硬件系统以微控制器（MCU）为核心，集成了电源管理、多种传感器、电动机驱动器、IO 接口、网络通信模块和人机交互模块。软件部分由硬件驱动层软件、实时操作系统层软件和用户应用程序层软件组成。

嵌入式微控制器为物流机器人的硬件核心，负责接收各个传感器采集的信息，经过滤波后把可用的传感器数据传入控制算法中，由机器人的控制算法程序经过判断处理后得出控制结果，控制结果通过驱动机器人的运动电动机和升降台电动机进行转动或停止转动。

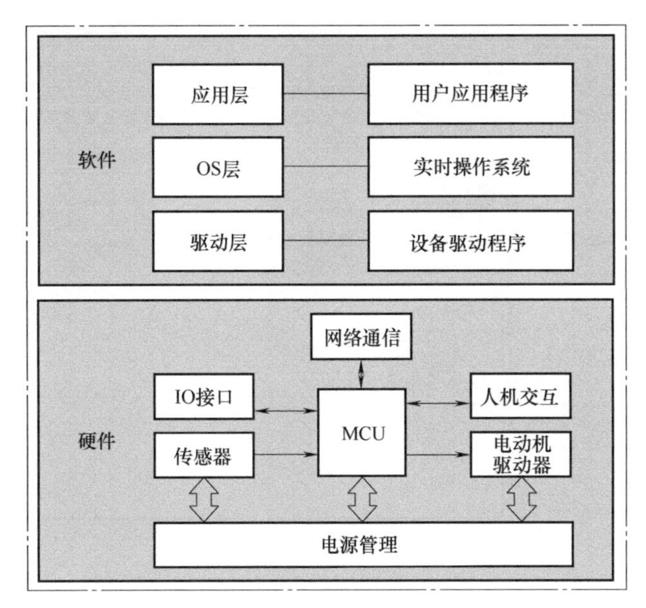

图 4-1 物流机器人控制系统的整体框架

机器人通过通信模块连接到无线 WiFi 网络和已安装应用软件 Flex-PF 控制台的计算机，进行实时的数据和指令通信。它不仅可以实时地传输机器人的各种状态信息，也可以将机器人遇到障碍等需要重新规划路径的状况上报到已安装应用软件 Flex-PF 控制台的计算机中，由应用软件 Flex-PF 重新规划路径后传输给机器人，使其沿着新的路径行进。

物流机器人的人机交互模块由蜂鸣器、指示灯和显示屏构成，蜂鸣器和指示灯可以及时地反馈物流机器人的工作状态信息和报警信息，方便在运行时获取机器人的状态；显示屏可以详细地显示物流机器人的自身状态信息，包括电池电量、工作温度、运行时间、机器人编号和网络状态等信息，方便在调试和维护时得到机器人的详细信息。

二、资源选型

1. 微控制器

物流机器人选用型号为 STM32F407VET6 的微控制器，该处理器是意法半导体（ST）公司生产的带有 DSP 和浮点计算单元（FPU）的高性能基础系列 ARM Cortex-M4 MCU，具有 32 位的 RISC 核心，168MHz 的主频，1MB 的可编程闪存，同时支持处理单精度的浮点计算。该型号的微控制器带有丰富的外设接口，IIC、USB、CAN、SPI、USART、RTC、ADC 和 DAC 等，方便连接各种各样的传感器，同时它提供各种可编程 IO 接口供用户自行定义，并且支持 SWD 和 JTAG 两种调试接口，方便用户的开发调试。STM32F407VET6 型微控制器硬件原理图如图 4-2 所示。

2. 存储器

物流机器人控制系统硬件采用了外置带电可擦可编程只读存储器，（Electrically Erasable Programmable Read-Only Memory，EEPROM）。这种存储器可以通过编程来读/写数据。该物流机器人采用的 EEPROM 型号为 AT24C512C，具有 512KB 的存储空间，通过 IIC 接口即可实现读/写。AT24C512C 型 EEPROM 电路设计原理如图 4-3 所示。

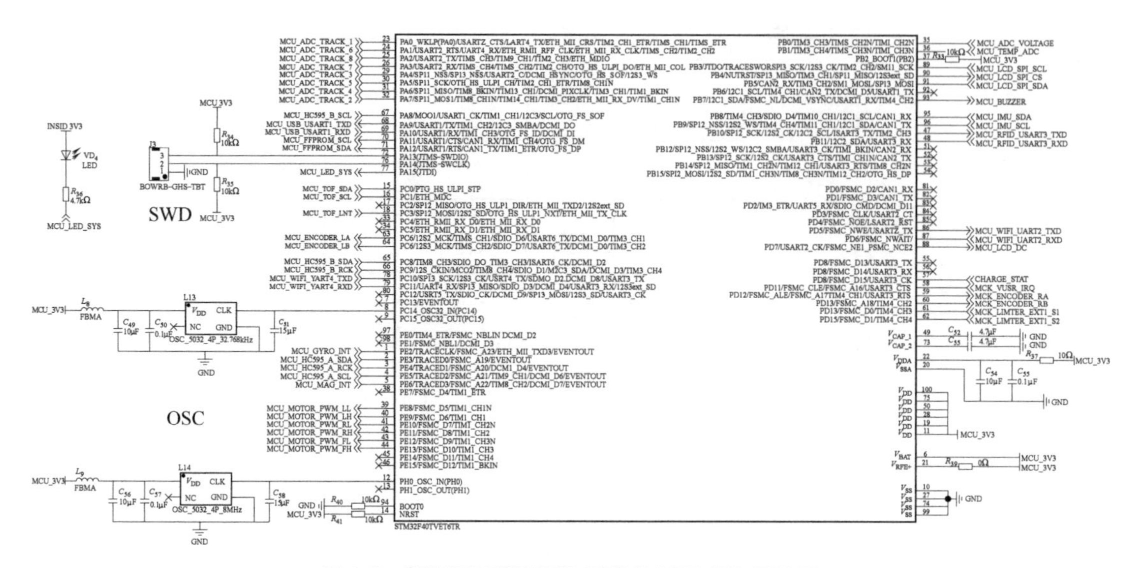

图 4-2　STM32F407VET6 型微控制器硬件原理图

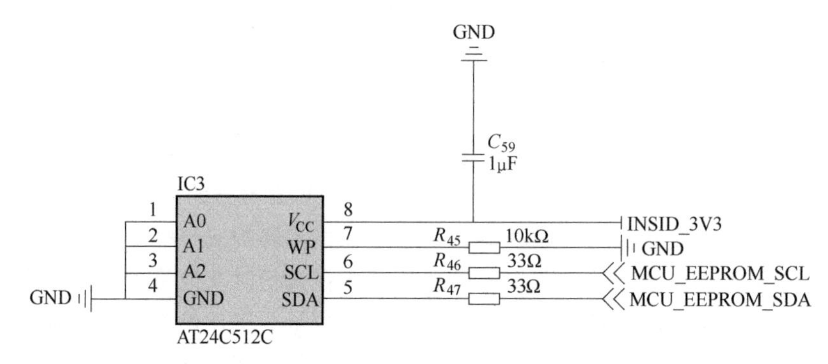

图 4-3　AT24C512C 型 EEPROM 电路设计原理图

3. 电源管理

电源管理一直是嵌入式系统的硬件核心点之一。一般的嵌入式系统只有一个电源输入，因此电源的输入具有唯一性，但是电源的使用因用电的器件和模块的不同有着较为严格的区分，其中电压、电流和纹波为三个主要的指标。电压要求在用电器件的额定工作范围内，电流要能够满足用电器件最大功耗时的需求，纹波则要求电压的波动要小。

物流机器人的电源设计采用了内外分开的模式，内部核心采用内部管理电路，涉及外部连接别的器件或通信的采用外部电源管理。由于输入电压为 7.4V，为了满足不同器件的用电需求，采用 5V 和 3.3V 两级稳压的设计方式，其中 5V 采用开源电源芯片 TPS54540，提供大电流，3.3V 采用线性稳压芯片 TPS7333，提供小纹波的核心供电电压。电源管理原理如图 4-4 所示。

4. 电动机驱动

物流机器人具有 2 台运动电动机和 1 台升降台电动机，电动机的型号均为 JGA12-N20，该型号电动机为直流有刷电动机，额定电压为 3~6V，额定电流小于 0.2A，因此选用型号为 RZ7899 的集成直流电动机驱动芯片。RZ7899 是一款 DC 双向电动机驱动电路，工作电压范

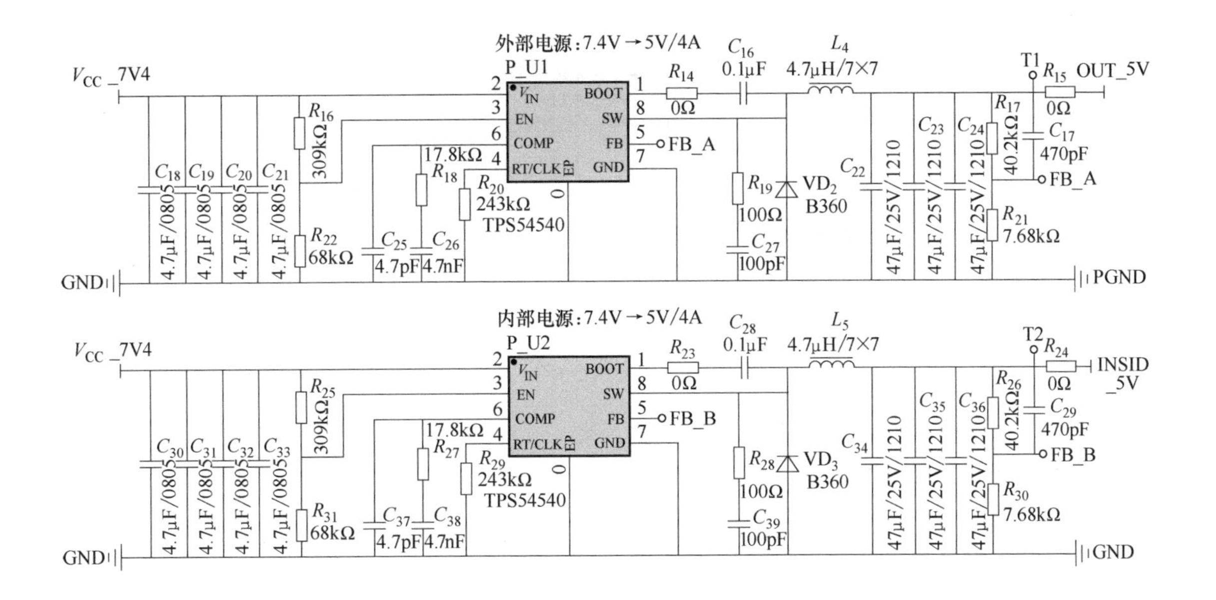

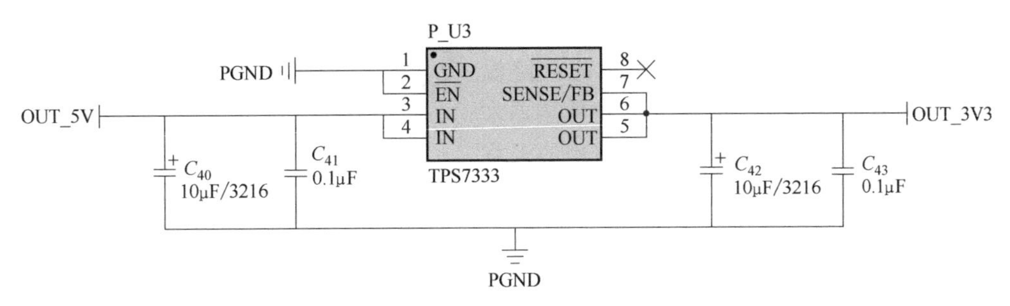

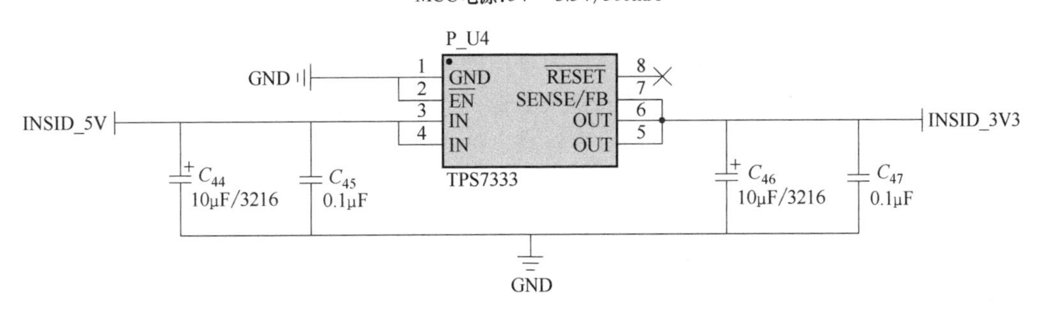

图 4-4 电源管理原理图

围宽（3~25V），输出电流最大可达到 6A。它有两个逻辑输入端子用来控制电动机前进、后退及制动，该电路具有良好的抗干扰性，微小的待机电流、较低的输出内阻，内置有二极管，能释放感性负载的反向冲击电流。电动机驱动原理图如图 4-5 所示。

5. 编码器

为了精确地控制电动机的转速和行走里程，在运动电动机的尾部设计带有反馈的编码

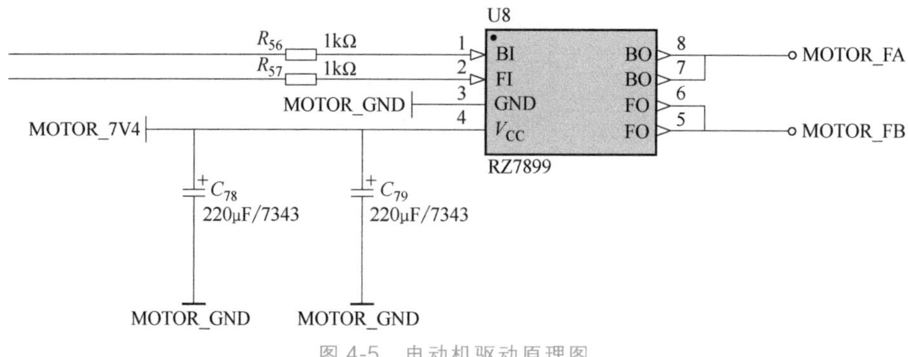

图 4-5　电动机驱动原理图

器，由于电动机的体积和机器人的空间限制，采用霍尔编码器，它可以提供 100kHz 的 A、B 相方波输出，选用的主控芯片自带硬件的编码器解码电路，因此，编码器电路原理设计较为简单，只需要引入接口即可。编码器接口电路如图 4-6 所示。

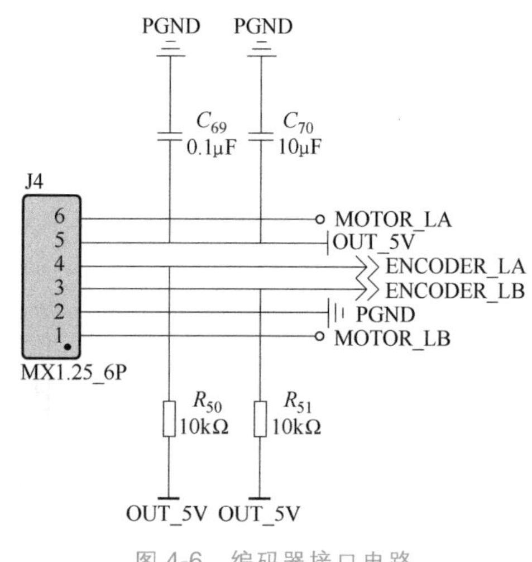

图 4-6　编码器接口电路

6. 温度传感器

为了感知物流机器人自身工作时的电路温度，在物流机器人硬件设计时加入温度传感器来实时地测量物流机器人的工作温度。选用的温度传感器为 TI 生产的 LM20 温度传感器。LM20 是一款精密模拟输出 CMOS 集成电路温度传感器，工作温度范围为 -55 ~ 130℃，电源工作范围为 2.4 ~ 5.5 V。LM20 的传递函数主要是线性的，因此在计算时十分方便。

7. TOF 测距传感器

为了让机器人在运行过程中可以实时地检测到前方的障碍物，在机器人的前方添加 TOF 测距传感器来检测障碍。传统的障碍检测较为常用的是超声波传感器，由于实训用的物流机器人体积较小，且设置的障碍为货物或机器人本身，均为较小的体积，超声波检测在此场景下的应用受到极大的限制，因此选用集成度较高、体积较小的 TOF 测距传感器。

8. 巡线传感器

物流场地的设计中采用了在地面贴黑色导引线的方式，因此物流机器人的底部添加了可以识别场地内黑色导引线的传感器。巡线传感器型号为 ST188 的单光束反射式红外光电传感器。该传感器由高发射功率红外光电二极管和高灵敏度光电晶体管组成，可以根据地面的颜色反差准确地识别黑线的位置。由于 ST188 只是模拟器件，因此需要把由于反射光强不同产生的模拟电压变化送入微控制器的模拟/数字转换电路中。ST188 型巡线传感器电路原理图如图 4-7 所示。

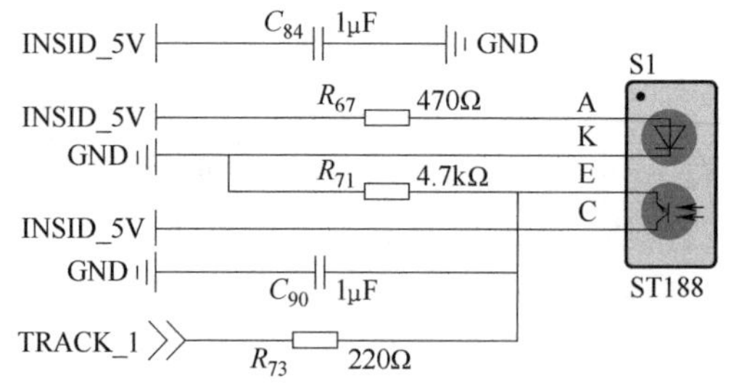

图 4-7　ST188 型巡线传感器电路原理图

9. RFID 读卡器

物流机器人的黑色导引线存在众多的交叉点，为了确定物流机器人在场地中运行的准确位置，采用在每一个交叉点位置贴 RFID 卡片的方式，让机器人在经过每一个交叉点时都可以读取该点的位置信息。选用的 RFID 读卡器为 PN532 读卡器模块。该模块体积小巧，支持多种类型卡的读/写，读取距离可达到 5～7cm，支持 IIC、SPI、高速串口三种通信方式，适合嵌入物流机器人中进行场地位置信息标签的读取。这里采用高速串口的连接方式，接口电路如图 4-8 所示。

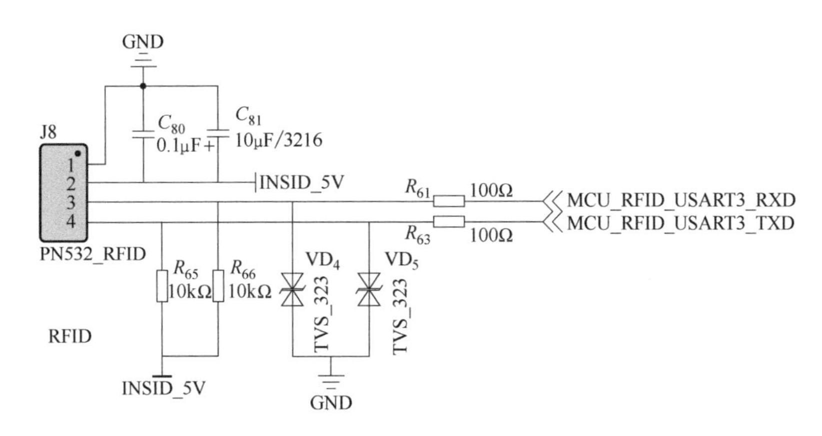

图 4-8 RFID 读卡器接口电路

10. IMU 传感器

惯性测量单元（IMU）通常指由三个加速度计和三个陀螺仪组成的组合单元，加速度计和陀螺仪安装在互相垂直的测量轴上。一般精度的 IMU 需要通过其他方式修正，GPS 用于修正位置的长期漂移，气压计用于修正高度，磁力计用于修正姿态。物流机器人在室内固定的场所运行，因此，只需要增加磁力计进行姿态的修正即可。

物流机器人使用的 IMU 型号为 MPU6050，它集成了三轴 MEMS（Micro-Electro-Mechanical System）陀螺仪、三轴 MEMS 加速度计，以及一个可扩展的数字运动处理器（Digital Motion Processor，DMP），可用 IIC 接口连接一个第三方的数字传感器，如磁力计。扩展之后，可以通过其 IIC 或 SPI 接口输出一个九轴的信号。磁力计选用霍尼韦尔的 HMC5883L，它采用霍尼韦尔各向异性磁阻（AMR）技术，具有轴向高灵敏度和线性高精度的特点。

IMU 传感器具有的对正交轴低灵敏度的固相结构可用于测量地球磁场的方向和大小，其测量范围为-8～8Gs。物流机器人在应用中把磁力计的信号接入 MPU6050 中，然后通过 IIC 输出一个九轴的信号给微控制器，电路原理图如图 4-9 所示。

11. USB 通信接口

物流机器人可以通过 Type-C 数据线的 USB 接口和计算机进行充电或通信。由于 USB 的输入电压为 5V，因此，选用升压芯片 SY6982 对 5V 进行升压之后给 7.2V 的电池进行充电。通信上采用 USB 转串口的方式，通过 CH340G 芯片把 USB 协议转成 TTL 协议后连接到微控制器上。USB 转串口通信原理图如图 4-10 所示，USB 升压电路如图 4-11 所示。

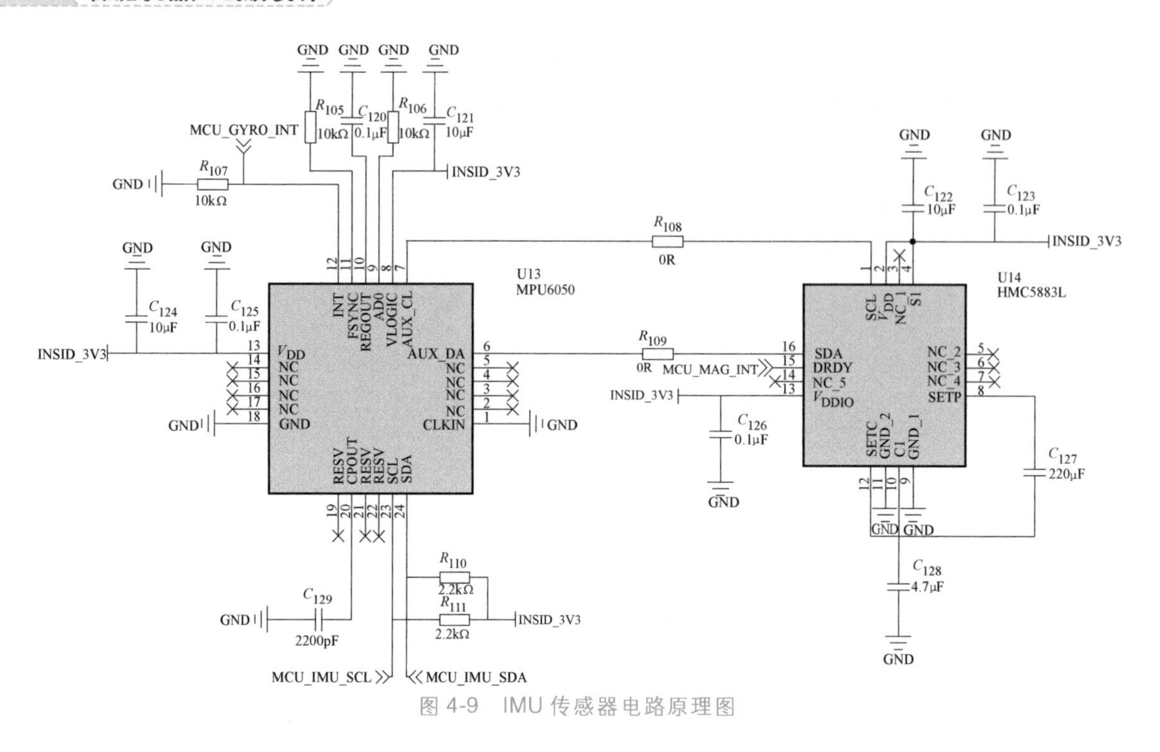

图 4-9　IMU 传感器电路原理图

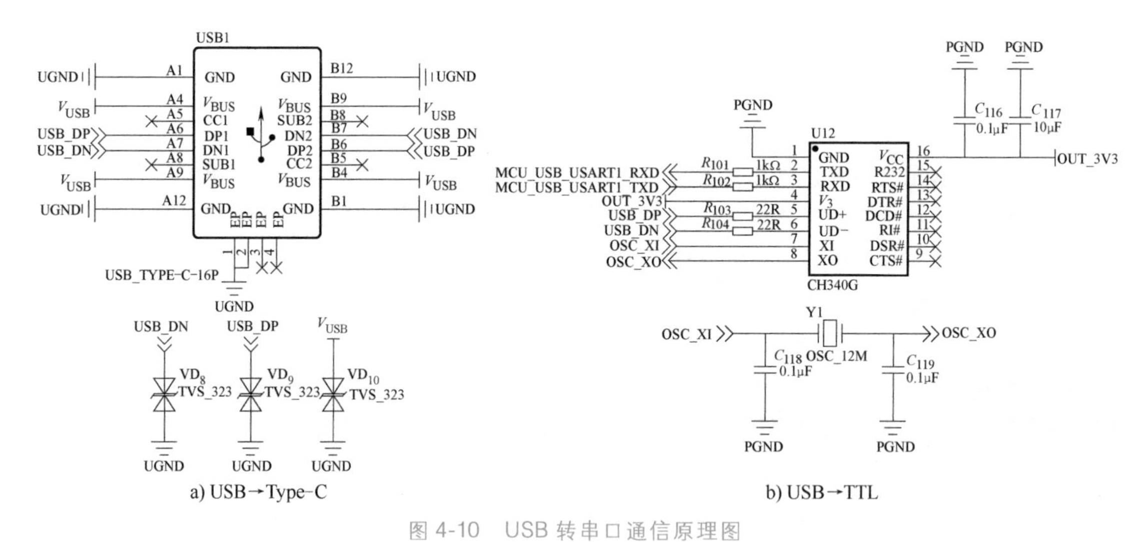

图 4-10　USB 转串口通信原理图

USB充电

滑流充电: 0.5h
恒流充电:
$T_{cc}=(5\times10^{10})\times C_a$
=4.5h

充电电流设置:
$I_{cc}=(1/R_a)\ 10000$
=1A

图 4-11　USB 升压电路原理图

12. WiFi 通信模块

机器人通过 WiFi 通信方式和已安装应用软件 Flex-PF 的计算机进行实时通信，上传机器人自身的状态以及下发应用软件 Flex-PF 的订单指令和规划行进的路径。WiFi 模块选用一款型号为 RTL8720DN 的集成串口 WiFi 模块，该款 WiFi 模块体积小，功耗低，支持 2.4G 和 5G 双频 WiFi 连接，满足机器人的网络连接需求。WiFi 模块电路原理图如图 4-12 所示。

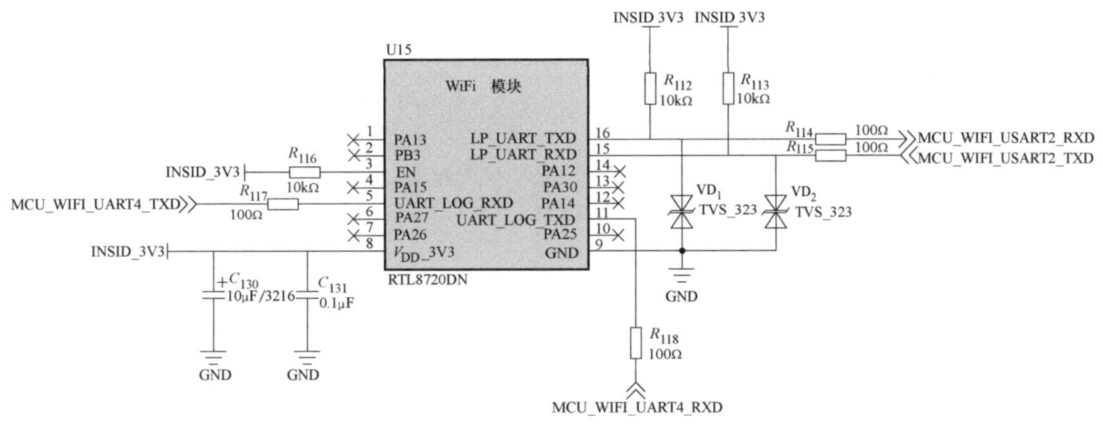

图 4-12 WiFi 模块电路原理图

13. 人机交互设计

物流机器人的人机交互设计选用三种方式：蜂鸣器、指示灯和 LCD 显示屏。蜂鸣器选用了有源的蜂鸣器，可以用 IO 高低电平直接控制，指示灯为 RGB 三色指示灯，可以实现多种颜色的显示，用于不同的提示，LCD 显示屏用于显示机器人各种详细参数，本书所使用的物流机器人采用一款 SPI 接口驱动的 0.96in TFT 液晶屏幕。

三、控制实现

物流机器人的控制实现由程序完成，主要包括以下四个方面：开机自检和配置、控制算法、OS 线程控制和底层驱动。物流机器人控制软件构图如图 4-13 所示。

1. 开机自检和配置

开机自检和配置主要指机器人在开机后对自身的状态信息进行检查，包含传感器是否正常、通信是否正常、电池电量是否正常等各种状态检查项。

机器人各项检查正确之后加载配置项确定配置信息，配置好的机器人即为当前唯一的机器人，在系统中是独一无二的。

2. 控制算法

控制算法是机器人的高级控制中枢，主要提供定位导航、运动控制、状态交互和遥测通信服务。

定位导航和运动控制保证了机器人在运动过程中路径的准确性，状态交互和遥测通信将机器人的实时状态传输到控制应用软件 Flex-PF，提供了实时的任务分配和路径规划的依据。

3. OS 线程控制

OS 线程控制负责机器人的应用服务和底层之间的交互，确保机器人可以按照预定的指令进行运动。

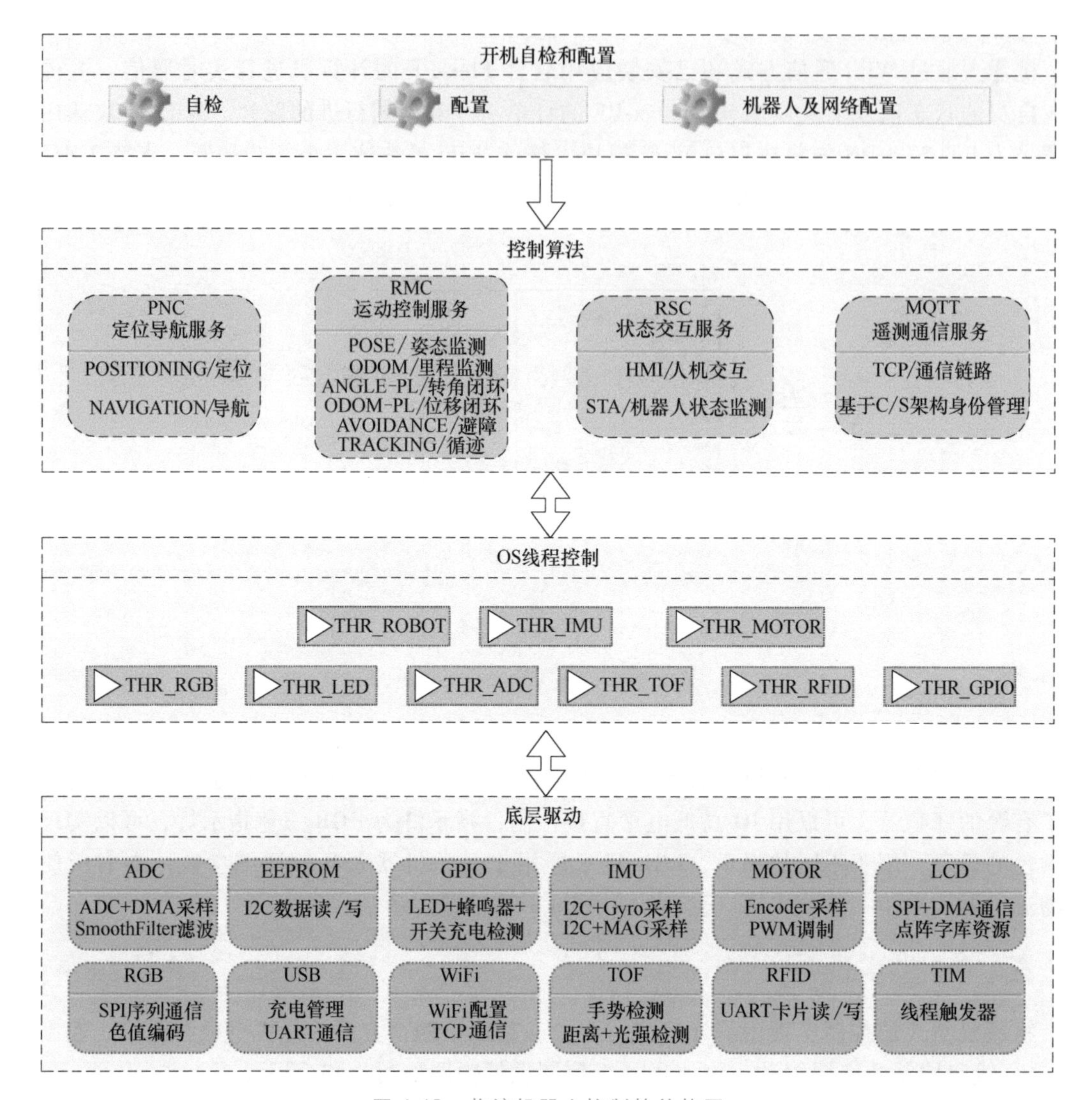

图 4-13　物流机器人控制软件构图

4. 底层驱动

底层驱动直接驱动机器人的每个硬件，使机器人的每个器件都可以正常地进行工作，提供数据的交互和运动的执行。

第 2 节　物流机器人控制决策

一、控制决策系统架构

机器人的控制系统由应用软件 Flex-PF、通信链路和机器人三部分组成，其中应用软件 Flex-PF 包括仓库管理系统和机器人监控系统，整体架构如图 4-14 所示。

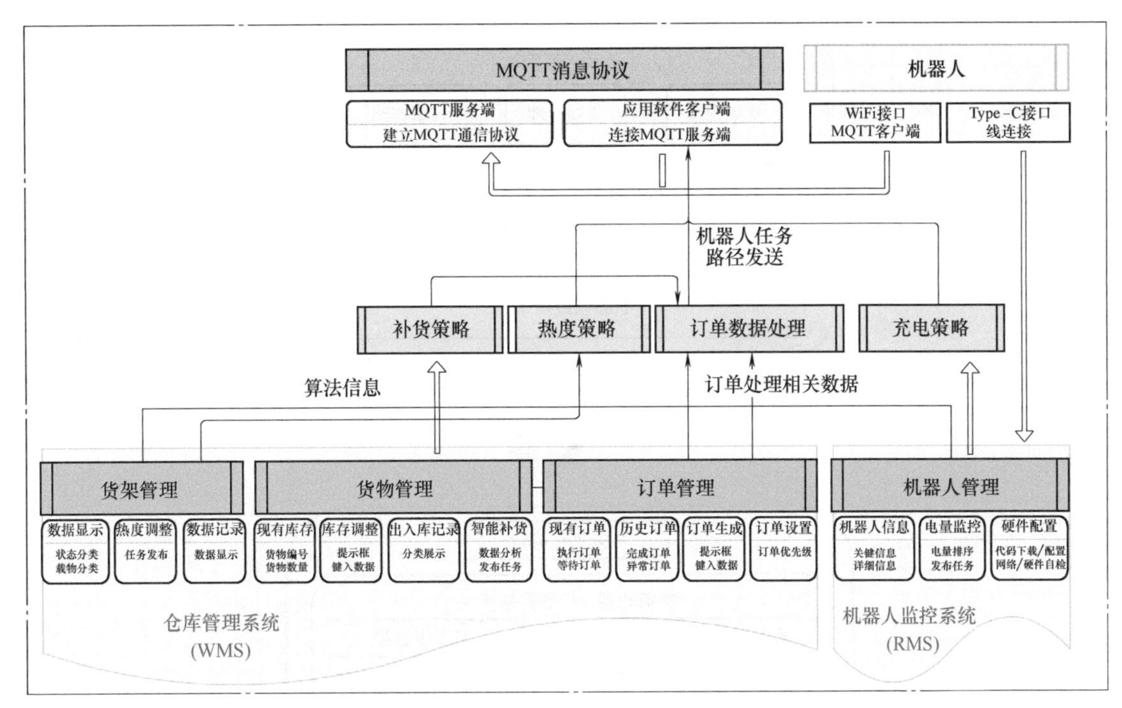

图 4-14 机器人控制系统架构

仓库管理系统集成了货架管理、货物管理和订单管理三项基本的内容管理系统。货架管理项中具有数据显示、热度调整、数据记录的功能，对应于热度策略设计。货架热度策略的生成可以让仓库中每一个货架都能得到最大限度的利用效率。货物管理项具有现有库存、库存调整、出入库记录和智能补货的功能，对应于补货策略。补货策略的增加对应仓储活动中订单数据的处理，是智能仓储的重要体现之一。订单管理项具有现有订单、历史订单、订单生成和订单设置功能，对应于订单的数据处理。订单的数据处理是仓库管理系统对机器人控制的主要策略依据，订单的类型和数量直接影响仓储环节的机器人搬运货物时的路径规划和多机器人调度。机器人管理项具有机器人信息、电量监控和硬件配置的功能。机器人监控实现对机器人状态的监测，并以此为依据对机器人进行系统的整合与调度。

仓储环节的物流机器人在控制决策中主要依赖仓库管理系统对机器人的决策控制。仓库管理系统对货物、货架、订单进行管理，同时通过网络控制机器人进行一系列的货物搬运操作。机器人在使用过程中也会把自身状态信息和环境状态信息实时地上报，仓库管理系统综合仓库需求和机器人上报的多种状态信息对机器人进行任务分配和路径规划。

二、机器人控制决策

机器人的控制决策可以分为服务器端的控制决策和本地端的控制决策。服务器端的控制决策分配给机器人具体订单任务和规划行进的路线。本地端的控制决策则是机器人在运动过程中依靠自身的传感器得到运行路径上的各种信息，通过对信息的处理得出当前物流机器人的运行状态，根据当前运行状态直接决定物流机器人在预定轨迹上的运动状态是正常执行，或者上报异常请求重新规划路径。物流机器人控制决策信息交互逻辑如图 4-15 所示。

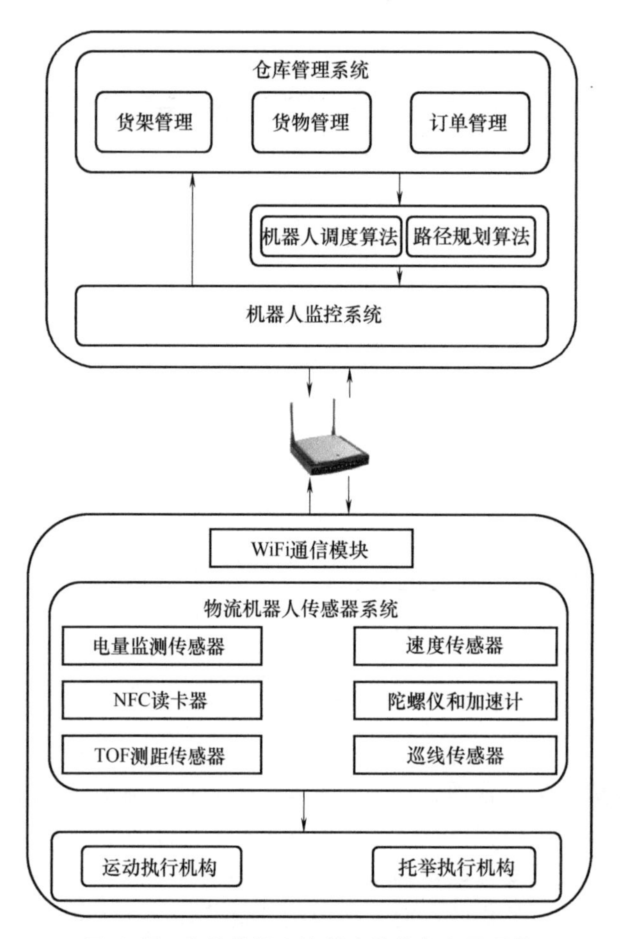

图 4-15 物流机器人控制决策信息交互逻辑

一条完整的信息交互路径为：物流机器人→状态信息上报→仓库管理系统确定机器人状态→仓储订单下达→机器人任务分配算法→路径规划算法→机器人执行任务→机器人信息实时上报→路径不通→重新规划路径→完成任务上报。可以总结为：系统正常运行且机器人无故障状态，生成订单后，物流机器人根据场地的实际情况同步信息到应用软件 Flex-PF 中，通过应用软件 Flex-PF 中的算法计算得到结果，实时控制物流机器人的行驶轨迹。如物流机器人在行驶过程中，通过 TOF 测距传感器检测到前方有障碍物，物流机器人就会把检测到的信息传递给应用软件 Flex-PF，应用软件 Flex-PF 会根据设定好的算法重新为物流机器人规划取货路线，并把重新规划的路线信息传递给物流机器人，物流机器人就会按照新的规划路线执行取货任务。

总结与评价

机器人的控制实现由程序完成，主要包括开机自检和配置、控制算法等。物流机器人的控制系统由应用软件 Flex-PF、通信链路和机器人三部分组成。

1. 结合自己的学习和理解，完成本章节的知识结构图。

2. 根据自己的知识掌握情况填写下表。

序号	学习内容	掌握情况
1	嵌入式控制系统的组成要素	不了解　了解　理解
2	物流机器人的控制系统组成	不了解　了解　理解
3	嵌入式微控制器的控制原理	不了解　了解　理解
4	嵌入式控制系统的资源选型	不了解　了解　理解
5	嵌入式控制系统的控制实现	不了解　了解　理解
6	物流机器人的控制决策逻辑	不了解　了解　理解

第5章 机器人运动行驶

CHAPTER 5

想一想：

人通过双腿去实现行走、奔跑等动作，汽车、火车、自行车通过轮子完成移动，物流机器人通过哪些方式进行移动呢？

移动机器人按照移动方式可分为轮式机器人、履带式机器人、腿式机器人等；按照移动特性又可分为非全方位移动机器人和全方位移动机器人两类。物体在平面上的移动可产生前后、左右和自转三个自由度的运动。若机器人具有的自由度少于三个，则为非全方位移动机器人；若具有三个自由度，则称为全方位移动机器人。

第1节 物流机器人运动方式

物流机器人属于轮式移动机器人，主要有三轮结构、四轮结构、全方位移动结构。三轮结构主要包括后轮驱动、前轮转向、前轮转向兼前轮驱动及两轮差速驱动，能实现移动机器人的自由运动；四轮结构主要是四轮驱动及转向；全方位移动结构主要包括麦克纳姆轮及舵轮独立转向。本书中的物流机器人采用的是两动力轮和两万向轮的四轮结构。

物流场地的导引线均为直线，因此物流机器人的运动方式比较单一，运动方式只有前进、后退、原地转向90°或180°。物流机器人在运动结构设计上采用双轮差速驱动的结构设计，两个动力轮在机器人底盘的中间位置，前后设计可辅助万向轮进行平衡。物流机器人的底盘结构如图5-1所示。

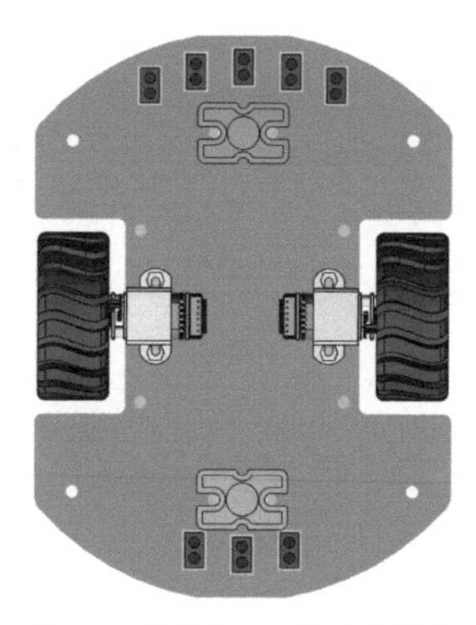

图5-1 物流机器人的底盘结构

双轮差速驱动系统中，差速的动力轮直接与减速电动机相连，结构简单，控制也十分方便。

一、行走控制

物流机器人用到的双轮行走控制只要求直线行走，因此控制两个轮子同时向同一个方向转动即可，如图 5-2 所示。

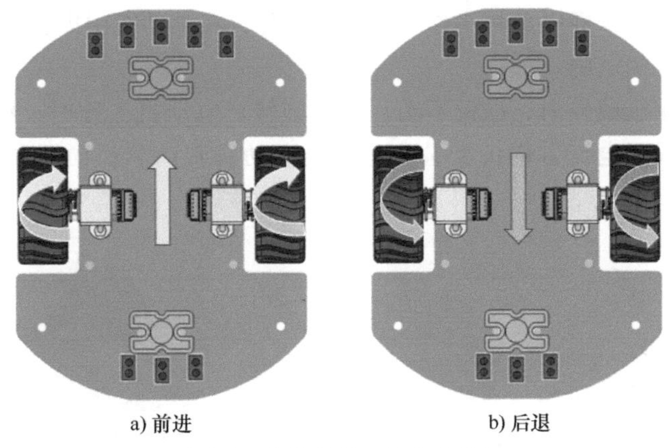

图 5-2 物流机器人的行走控制

二、转向控制

物流机器人用到的转向控制只要求原地转向，因此控制两个轮子同时向不同方向转动即可，如图 5-3 所示。

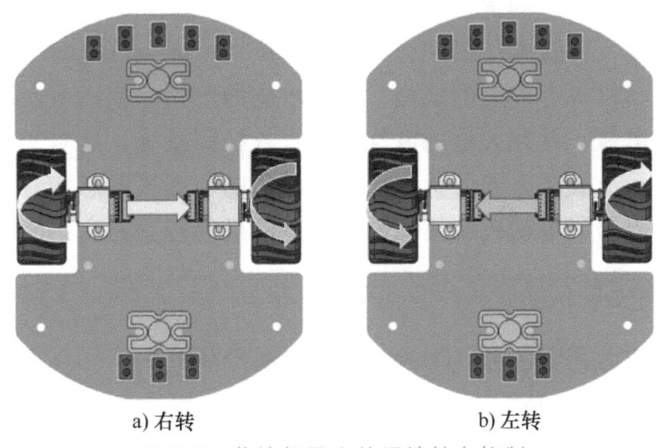

图 5-3 物流机器人的原地转向控制

第 2 节 电动机控制原理

一、电动机原理

物流机器人使用有刷直流减速电动机作为行走的动力电动机，电动机型号为

JGA12-N20，由减速箱、电动机和编码器三部分组成。JGA12-N20 型有刷直流减速电动机结构如图 5-4 所示。

由直流电驱动的电动机即称为直流电动机。日常生产生活中使用的直流减速电动机主要由定子、转子和机座组成。定子是电动机磁场静止的部分，在电动机中即为和外壳固定在一起的两块磁体部分。转子即电动机工作时转动的部分，在电动机中即为绕有线圈的铁心。机座部分用来固定供电的电刷。

有刷电动机采用机械换向，磁极不动，线圈旋转。电动机工作时，线圈和换向器旋转，磁极和电刷不转，线圈电流方向的交替变化由随电动机转动的换向器和电刷来完成，如图 5-5 所示。

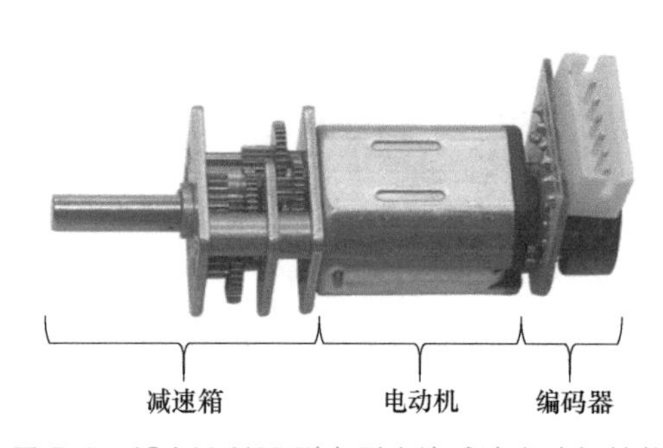

图 5-4 JGA12-N20 型有刷直流减速电动机结构

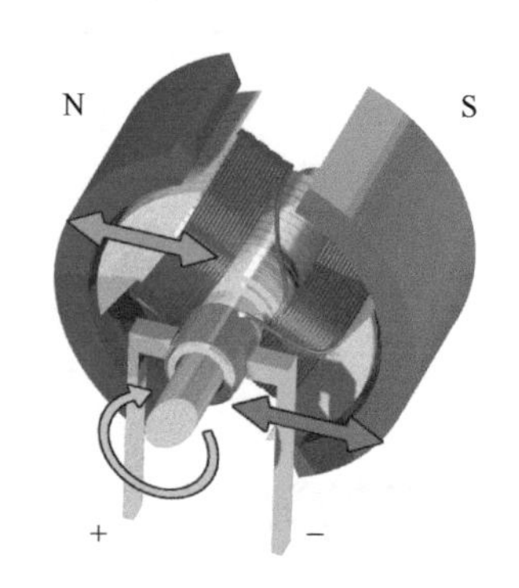

图 5-5 有刷直流电动机的结构及工作原理

有刷直流电动机有着众多的优点，结构简单、造价低廉，只需施加直流电压即可使电动机转动，调压调速方便，反转电压极性会即刻反转旋转方向，低速时可输出高转矩。

当然有刷直流电动机也有显著的缺点，由于电刷的磨损，使用寿命较短，并且电刷和换向器在转动时会产生电弧，导致大量的电气噪声进入控制系统，这对于在同一系统中工作的微控制器或传感器容易造成极大的干扰。换向器之间的物理接触意味着两个部件之间存在摩擦，摩擦产生的热量限制了电动机转速，因此，电动机的转动速度不能过快。

二、电动机驱动

直流电动机的调速方式有三种：①改变电动机两端的电压；②改变磁通量；③串入调节电阻。由于经济性和适用性的原因，变电压调速是最常用的方法。在电动机控制中，不仅需要控制电动机的转速，还需要控制电动机的旋转方向，这时就需要用到脉宽调制（PWM）和 H 桥两种技术的搭配。

如图 5-6 所示，把电动机接到 $SB_1 \sim SB_4$ 四个按钮的中间位置，这时四个开关和电动机刚好组成一个 H 桥。

按下按钮 SB_1、SB_4、保持按钮 SB_2、SB_3 断开按钮，电动机就接入回路中，电流流过电动机开始向一个方向转动，这种电流流向被定义为正向转动，如图 5-7 所示。

按下铵钮 SB_2、SB_3、保持按钮 SB_1、SB_4 断开，电动机接入反向回路中，电流流过电动机开始向另一个方向转动，这种电流流向被定义为反向转动，如图 5-8 所示。

需要注意的是，同一侧的两个按钮不能同时闭合，否则会造成短路，直接烧坏电源。仅仅利用按钮的闭合只能控制电动机的旋转与停止，无法控制速度。电动机是感性元件，由于

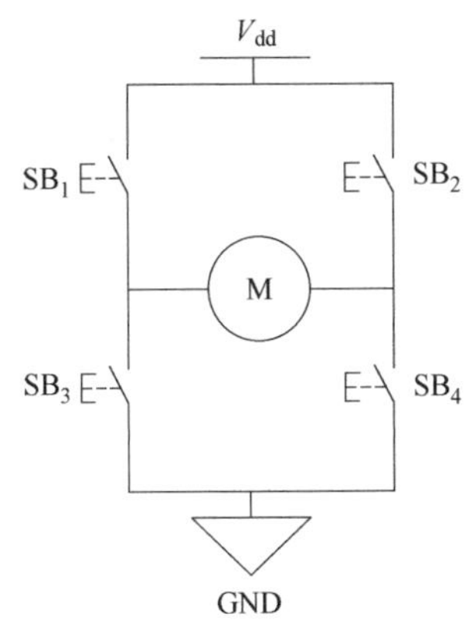

图 5-6 H 桥的接法

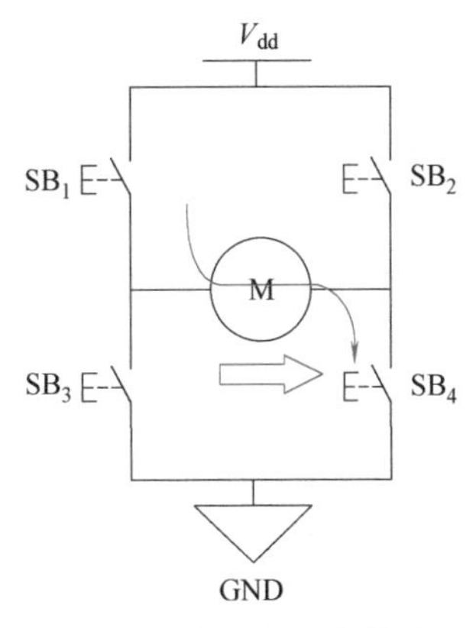

图 5-7 电动机正向转动

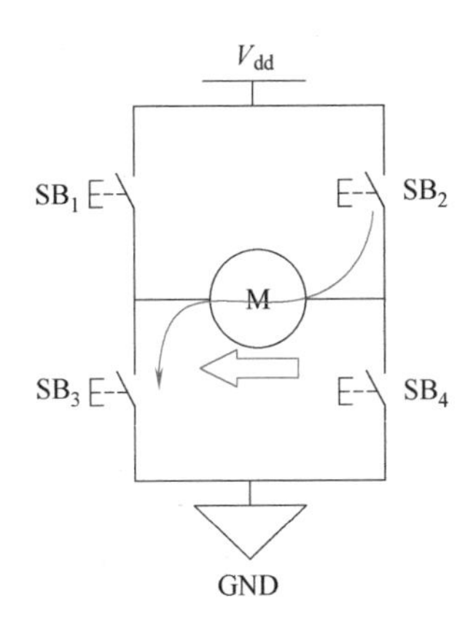

图 5-8 电动机反向转动

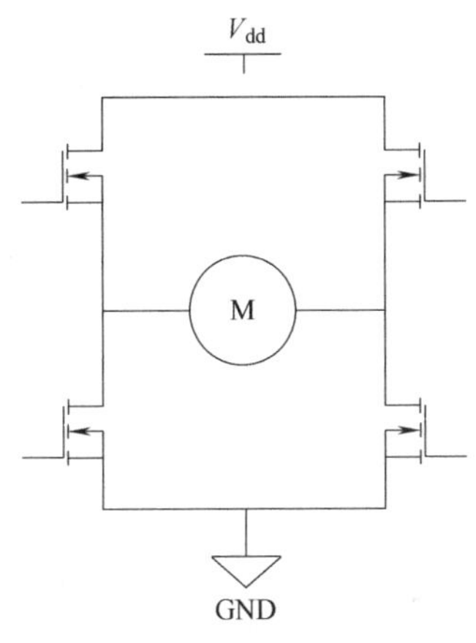

图 5-9 实际使用的 H 桥电路

线圈内的电流不会随着外部电压的消失而瞬间消失，因此可以通过控制开关闭合和断开的频率及控制导通的时间，达到等效控制电压的目的。由于这种操作需要的频率很高，为 kHz 级别，因此不再适用，这时把按钮换成 MOS 管，可支持较高的开关频率，如图 5-9 所示，形成电动机驱动的基本 H 桥电路。

H 桥 MOS 管的闭合和断开只需要用高低电平就可以控制，具体的表现形式是不同占空比的方波。占空比即为单个高电平时间占周期的比例，占空比越大，电动机两端的有效电压就越接近电源电压，因此理论上可以实现 0V 到电源电压之间的无级变化。这种技术就是脉宽调制技术（Pulse Width Modulation，PWM）。

PWM 就是通过对一系列脉冲的宽度进行调制，等效出所需要的波形（包含形状以及幅值），对模拟信号电平进行数字编码，也就是说通过调节占空比的变化来调节信号、能量等的变化。如图 5-10 所示方波的占空比为 50%。

图 5-10 方波的波形

通过 PWM 技术和 H 桥技术就可以完成对电动机转速和转向的同时控制，即构成电动机驱动。

三、PID 控制算法

物流机器人在运动控制中采用闭环控制方式，简单、常用的电动机闭环控制方式即为 PID 控制。

在实际工程中，应用最为广泛的调节器控制规律为比例（P）、积分（I）和微分（D）控制，简称 PID 控制，又称 PID 调节。PID 控制具有结构简单、稳定性好、工作可靠、调整方便等优点，因此成为工业控制的主要技术之一。

当被控对象的结构和参数不能完全掌握或得不到精确的数学模型时，控制理论的其他技术难以采用，系统控制器的结构和参数必须依靠经验和现场调试来确定，这时使用 PID 控制技术最为方便。即当不完全了解一个系统和被控对象或不能通过有效的测量手段来获得系统参数时，最适合使用 PID 控制技术，实际应用中也有 PI 和 PD 控制。PID 控制器就是根据系统的误差，利用比例、积分、微分计算出控制量进行控制，整体框图如图 5-11 所示。

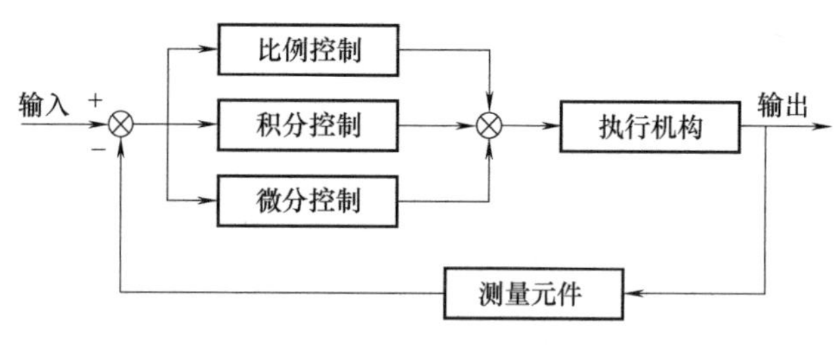

图 5-11　PID 控制整体框图

1. 比例控制

比例控制是一种最简单的控制方式，其控制器的输出与输入误差信号成比例关系。当仅有比例控制时，系统输出存在稳态误差。

2. 积分控制

在积分控制中，控制器的输出与输入误差信号的积分（可看作误差的累加）成正比关系。对于一个自动控制系统，如果在进入稳态后存在稳态误差，则称这个控制系统是有稳态误差的或简称有差系统。为了消除稳态误差，在控制器中必须引入积分项。积分项的输出取决于输入误差信号的积分，随着时间的增加，积分项会增大。这样，即便误差很小，积分项也会随着时间的增加而加大，它推动控制器的输出增大使稳态误差进一步减小，直到等于零。因此，比例+积分（PI）控制器，可以使系统在进入稳态后无稳态误差。

3. 微分控制

在微分控制中，控制器的输出与输入误差信号的微分（即误差的变化率）成正比关系。自动控制系统在克服误差的调节过程中可能会出现振荡甚至失稳，其原因是存在较大惯性组件（环节）或有滞后组件，其变化总是落后于误差的变化。解决办法是使抑制误差的作用变化超前，即在误差接近零时，抑制误差的作用就应该是零。

在控制器中仅引入比例项往往是不够的，比例项的作用仅是放大误差的幅值，而不能解决变化的滞后，需要增加的是微分项，它能预测误差变化的趋势，这样具有比例+微分（PD）的控制器，就能够提前使抑制误差的控制作用等于零，甚至为负值，从而避免了被控量的严重超调。

阅读拓展

形状可变履带机器人

所谓形状可变履带机器人，是指机器人所用履带的构形可以根据地形条件和作业要求进行适当变化。图 5-12 所示为形状可变履带机器人的履带变形情况和适用场合。该机器人的主体部分是两条形状可变的履带，分别由两个主电动机驱动。当两条履带的速度相同时，机器人实现前进或后退移动；当两条履带的速度不同时，机器人实现转向运动。当主臂杆绕履带架上的轴旋转时，带动行星轮转动，从而实现履带的不同构形，以适应不同的运动和作业环境。

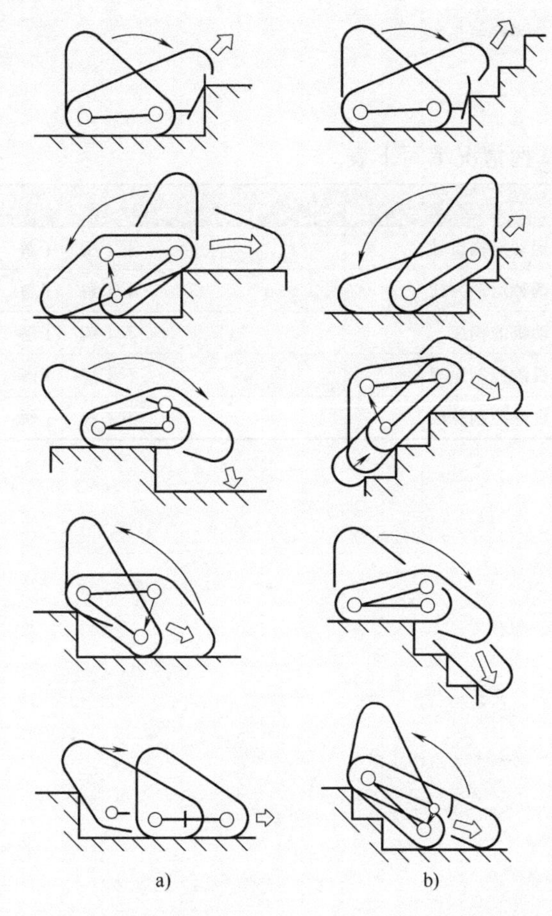

图 5-12 形状可变履带机器人的履带变形情况和适用场合

总结与评价

机器人一般有两种运动方式，物流机器人属于轮式移动机器人，在运动控制中采用闭环控制的方式，简单常用的电动机闭环控制方式为 PID 控制。

1. 结合自己的学习和理解，完成本章节的知识结构图。

2. 根据自己的知识掌握情况填写下表。

序号	学习内容	掌握情况
1	物流机器人的运动结构设计	不了解　了解　理解
2	物流机器人的两种运动方式	不了解　了解　理解
3	有刷直流电动机的构成	不了解　了解　理解
4	有刷直流电动机的控制原理	不了解　了解　理解
5	有刷直流电动机的控制算法	不了解　了解　理解

第3部分

机器人组网与软件控制

物流系统中的机器人执行任务时行动自由，不需要拖着传输线移动，整个仓库显得更加整洁。

虽然控制端与物流机器人之间没有连接线，但二者间有数据传输，空气中的无线电波承载着数据信息、控制信息和检测信息，是控制端与物流机器人之间相连接的无形的线。

第6章 无线组网通信

CHAPTER 6

想一想：

物流机器人随时需要接收指令和反馈信息，倘若采用有线通信，多台机器人的连线会绞在一起发生危险，那物流机器人选择的是哪种无线通信方式呢？

仓库中运行着数量较多的物流机器人，每一个物流机器人都需要与控制计算机进行通信，因此需要建立无线通信网络。为了方便控制和管理所有的物流机器人，控制端置于计算机上，通过无线通信的方式与物流机器人进行数据传输。

图 6-1 所示为实验场景下的智能仓库模拟图。

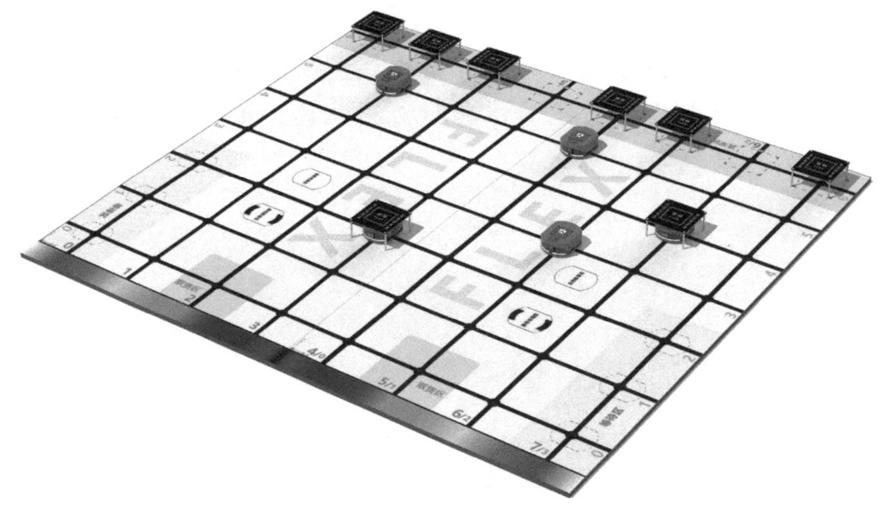

图 6-1 实验场景下的智能仓库模拟图

第 1 节 通信技术

目前常用的区域自建无线组网方式有蓝牙（Bluetooth）、Zig-Bee、无线宽带（WiFi）三种通信技术。

一、蓝牙

蓝牙通信技术能够在10m的半径范围内实现点对点或一点对多点的无线数据传输，其数据传输带宽可达1Mbit/s，通信介质为频率2.402~2.480GHz之间的电磁波。蓝牙技术可以广泛应用于局域网络中的各类数据及语音设备，如PC、拨号网络、笔记本计算机、打印机、传真机、数码相机、移动电话和高品质耳机等，实现各类设备之间随时随地进行通信。蓝牙组网以及其标识如图6-2所示。

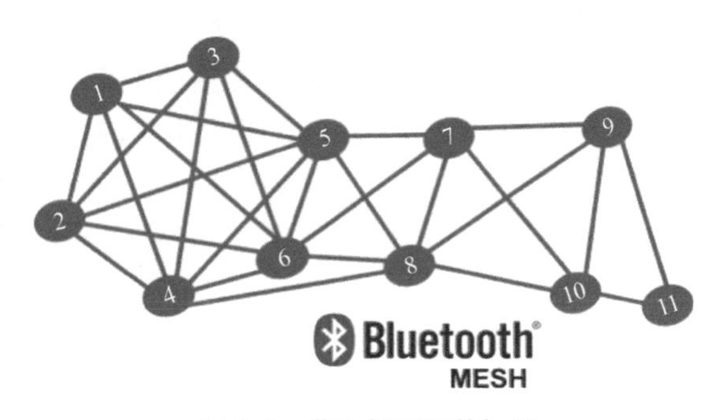

图6-2 蓝牙组网及其标识

二、Zig-Bee

Zig-Bee是基于IEEE 802.15.4标准而建立的一种短距离、低功耗的无线通信技术。Zig-Bee来源于蜜蜂群的通信方式，由于蜜蜂（Bee）是靠飞翔和“嗡嗡”（Zig）地抖动翅膀来与同伴确定食物源的方向、位置和距离等信息，从而构成了蜂群的通信网络。

Zig-Bee的特点是距离近，通常传输距离为10~100m；低功耗，在低耗电待机模式下，2节5号干电池可支持1个终端工作6~24个月，甚至更长时间；成本低，Zig-Bee免协议费，芯片价格低廉；低速率，通常Zig-Bee工作在20~250kbit/s的较低速率；延时短，Zig-Bee的响应速度较快等。

Zig-Bee主要适用于家庭和楼宇控制、工业现场自动化控制、农业信息收集与控制、公共场所信息检测与控制、智能型标签等领域，可以嵌入各种设备，如图6-3所示。

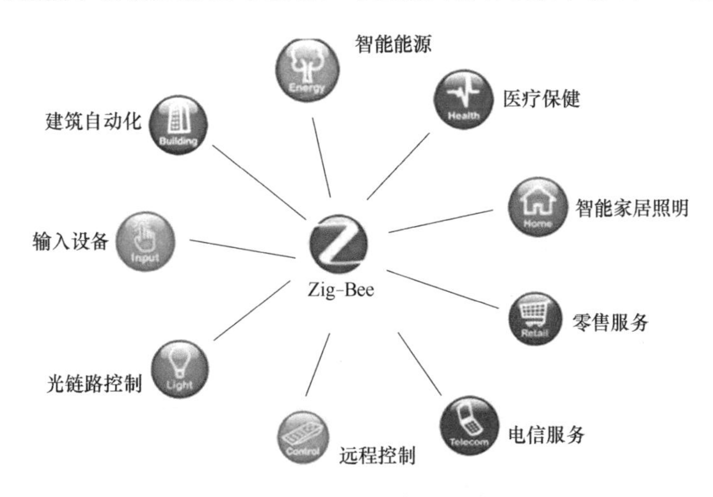

图6-3 Zig-Bee的应用领域

三、WiFi

WiFi是一种基于IEEE 802.11协议的无线局域网接入技术。WiFi技术突出的优势在于它有较广的局域网覆盖范围，其覆盖半径可达100m左右。相比于蓝牙技术，WiFi覆盖范围较广；传输速度非常快，其传输速度可以达到11Mbit/s（IEEE 802.11b）或者54Mbit/s（IEEE 802.11a），适合高速数据传输的业务，无须布线，可以不受布线条件的限制，非常适合移动网络用户使用，在连接节点密集的地方设置一个热点即可覆盖整个区域内的节点联网需求，如图6-4所示。

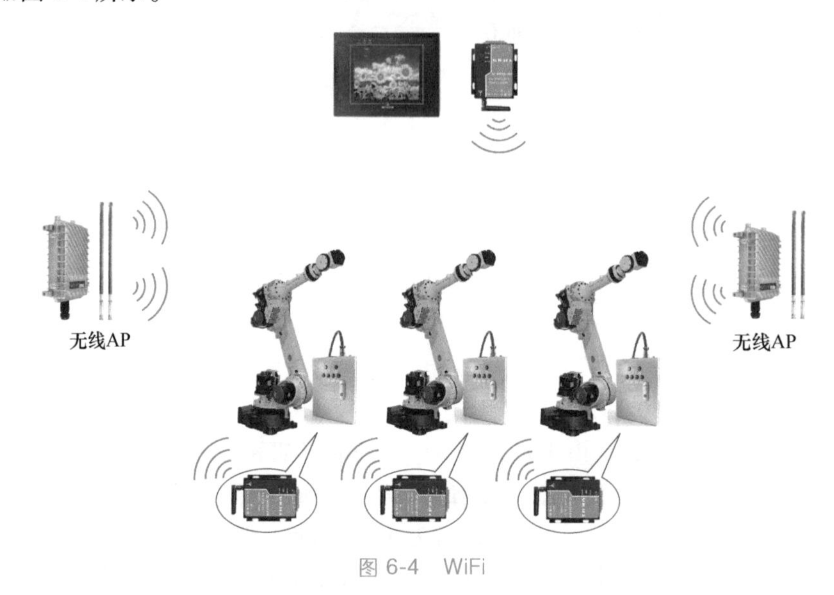

图6-4 WiFi

在物流场景中由于场所固定，链接的节点数量较多，通信需要并发处理，从经济和适用性上考虑，WiFi通信的方式是最佳的选择。

第2节 通信方式

一、组网形式

组网形式即网络的拓扑形式，表示的是网络在物理上的连通性。拓扑图给出了网络中各个连接点的角色和连通链路。

网络的拓扑结构有很多种，主要有星形结构、环形结构、树形结构、总线型结构、网状结构和混合结构等。

1. 星形结构

星形网络是由中央节点为中心与各节点连接组成的，多节点与中央节点通过点到点的方式连接，如图6-5所示。中央节点执行集中式控制策略，因此中央节点的负荷比其他各个节点重得多。

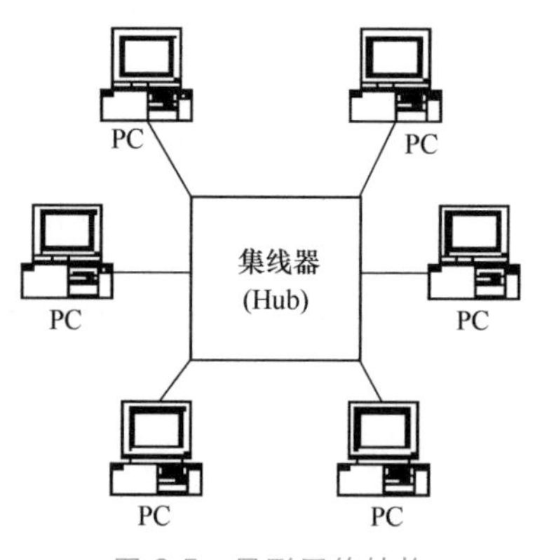

图6-5 星形网络结构

星形网络的优点：网络结构简单，便于管理；控制简单，建网容易；网络延迟时间较短；误码率较低，系统的可靠性较高；易于维护和安全。星形网络的缺点也较为明显：网络共享能力较差、通信线路利用率不高、中央节点负荷太重。

2. 环形结构

环形网络中的各节点通过环路接口连成一条首尾相连的闭合环形通信线路，环上任何节点均可请求发送信息，结构如图 6-6 所示。传输媒体从一个端用户到另一个端用户，直到将所有的端用户连成环形。数据在环路中沿着一个方向在各个节点间传输，信息从一个节点传到另一个节点。这种结构显而易见地消除了端用户通信时对中心系统的依赖性。每个端用户都与两个相邻的端用户相连，因而存在着点到点链路，但总是以单向方式操作，于是便有上游端用户和下游端用户之称。

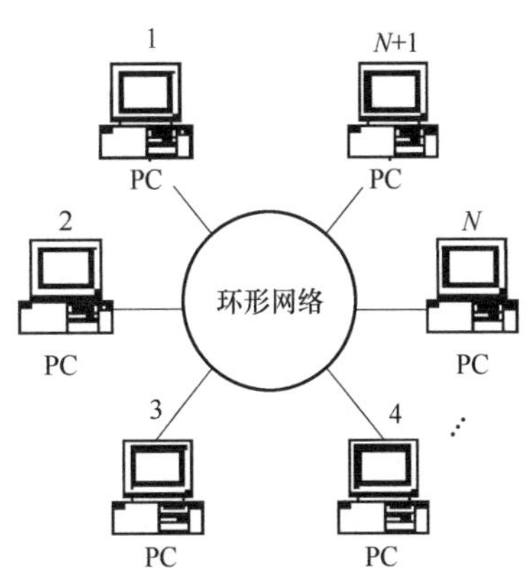

图 6-6 环形网络结构

环形网络的优点：信息流在网中沿着固定方向流动，两个节点间仅有一条道路，故简化了路径选择的控制；环路上各节点都是自举控制，故控制软件简单。环形网络的缺点：由于信息源在环路中是串行地穿过各个节点，当环路中节点过多时，势必影响信息传输速率，使网络的响应时间延长；环路是封闭的，不便于扩充；可靠性低，一个节点故障将会造成全网瘫痪；维护难，对分支节点故障定位较难。

3. 树形结构

在实际建造一个大型网络时，往往采用多级星形网络，将多级星形网络按层次排列即形成树形网络，结构如图 6-7 所示。我国的电话网络即采用树形结构，由五级星形网络构成。著名的因特网（Internet）从整体上看也是采用树形结构。

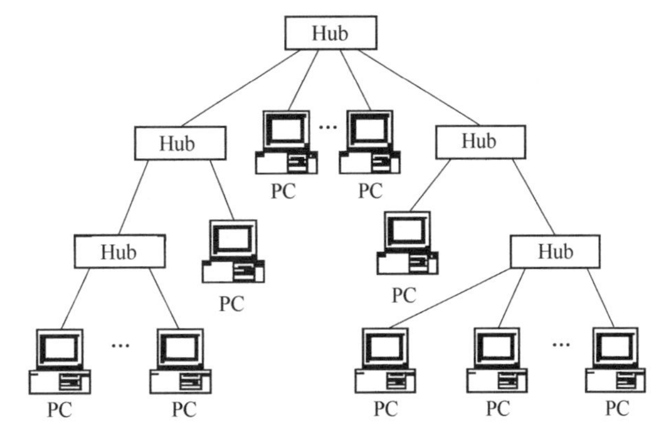

图 6-7 树形网络结构

树形网络的优点：结构比较简单、成本低；网络中任意两个节点之间不产生回路，每个链路都支持双向传输；网络中节点扩充方便、灵活，寻找链路路径比较方便。但在这种网络系统中，除叶节点及其相连的链路外，任何一个节点或链路产生故障都会影响整个网络。

4. 总线型结构

由一条高速公用总线连接若干个节点所形成的网络即为总线型网络，每个节点上的网络接口板硬件均具有收、发功能，接收器负责接收总线上的串行信息并转换成并行信息送到 PC 工作站，结构如图 6-8 所示；发送器负责将并行信息转换成串行

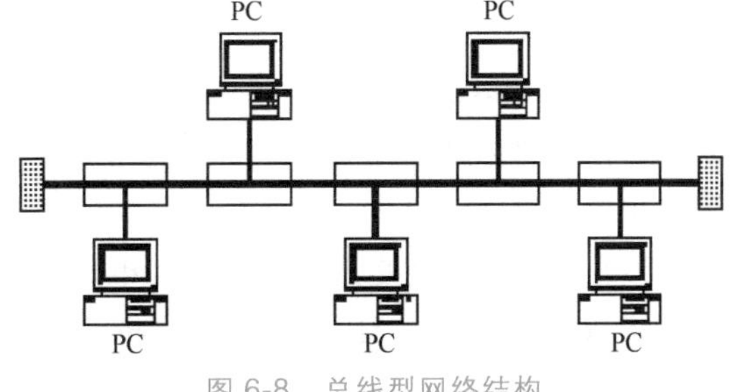

图 6-8 总线型网络结构

信息后广播发送到总线上，总线上发送信息的目的地址与某节点的接口地址相符合时，该节点的接收器便接收信息。

由于各个节点之间通过电缆直接连接，所以总线型结构所需要的电缆长度最小，但总线负荷能力有限，因此总线长度有一定限制，一条总线只能连接一定数量的节点。

总线型网络的特点主要是结构简单、灵活，便于扩充，是一种很容易建造的网络。由于多个节点共用一条传输信道，故总线型网络信道利用率高，但容易产生访问冲突；传输速率高，可达 1~100Mbit/s；可靠性不高，常因一个节点出现故障（如接头接触不良等）而导致整个网络不通。

5. 网状结构

网状结构主要指各节点通过传输线互相连接起来，并且每一个节点至少与其他两个节点相连，结构如图 6-9 所示。网状结构具有较高的可靠性，但其结构复杂，实现起来费用较高，不易管理和维护，不常用于局域网。

网状结构是广域网中最常采用的一种网络形式，是典型的点到点结构。网状结构的主要特点是网络可靠性高，一般通信子网任意两个节点交换机之间，存在着两条或两条以上的通信路径。这样，当一条路径发生故障时，还可以通过另一条路径把信息送到节点交换机。另外，网状结构的可扩充性好，无论是增加新功能，还是要将另一台新的计算机入网，以形成更大或更新的网络，都比较方便；网络可建成各种形状，采用多种通信信道、多种传输速率。

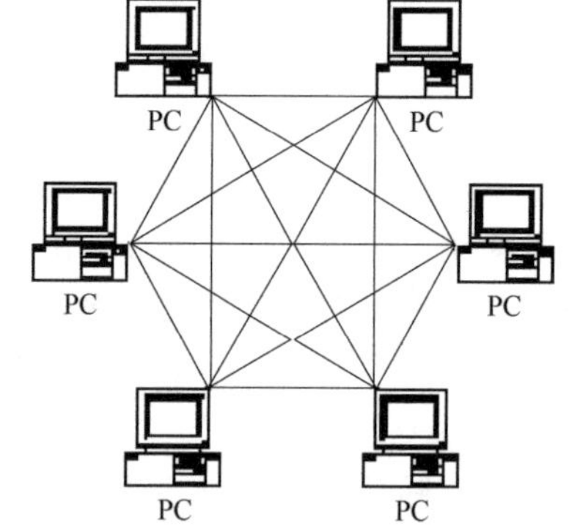

图 6-9 网状网络结构

6. 混合结构

将两种或几种网络拓扑结构混合起来构成的一种网络拓扑结构称为混合型拓扑结构。其中一种混合结构是由星形结构和总线型结构的网络结合在一起的网络结构，这样的拓扑结构更能满足较大网络的拓展，解决了星形网络在传输距离上的局限，同时又解决了总线型网络在连接用户数量方面的限制。这种网络拓扑结构同时兼顾了星形网络与总线型网络的优点，并在缺点方面得到了一定的弥补。这种网络拓扑结构主要用于较大型的局域网中。

在仓储物流演示模型中，机器人组网的方式为星形组网方式，使用一个路由器作为核心，连接所有的物流机器人和装有应用软件 Flex-PF 的控制计算机，完成计算机和物流机器人之间的点对点通信，而机器人之间则互相不通信。

二、通信协议

物流机器人采用 MQTT 协议进行数据的通信。MQTT 协议是机器对机器（M2M）/物联网连接协议，是一个极其轻量级的发布/订阅消息传输协议。MQTT 协议对于需要较小代码占用空间或网络带宽非常宝贵的远程连接非常有用，是专为受限设备、低带宽、高延迟或不可靠的网络而设计。

MQTT 协议的特点使其成为带宽和电池功率非常高的移动应用的理想选择，它体积小、功耗低、数据包小，并且可以有效地将信息分配给一个或多个接收器。物流机器人中的 MQTT 协议链接如图 6-10 所示。

1. MQTT 协议实现方式

实现 MQTT 协议需要在客户端和服务器端通信中完成。在通信过程中，MQTT 协议有三种身份：发布者（Publish）、代理（Broker）（服务器）、订阅者（Subscribe）。其中，消息的发布者和订阅者都是客户端，消息代理是服务器，消息发布者同时可以是订阅者，三者之间的消息传递过程如图 6-11 所示。

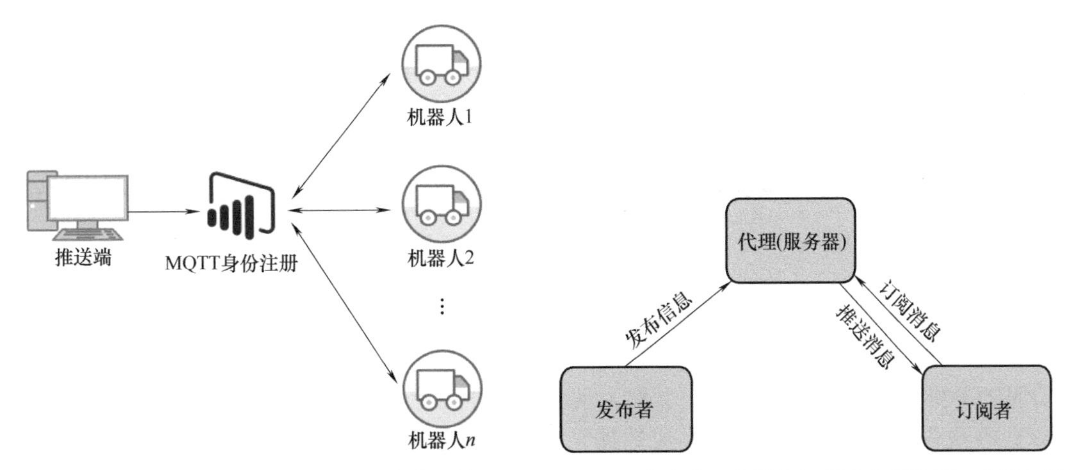

图 6-10 物流机器人中的 MQTT 协议链接拓扑图　　图 6-11 发布者、代理与订阅者之间的消息传递过程

MQTT 协议传输的消息分为主题（Topic）和消息体（Payload）两部分。

1）主题可以理解为消息的类型，订阅者订阅后，就会收到该主题的消息内容（消息体）。

2）消息体可以理解为消息的内容，是指订阅者具体要使用的内容。

2. 网络传输与应用消息

MQTT 协议会构建底层网络传输，它将建立客户端到服务器的连接，提供两者之间的一个有序的、无损的、基于字节流的双向传输。

当应用数据通过 MQTT 协议网络发送时，MQTT 协议会把与之相关的服务质量（QoS）和主题相关联。

3. MQTT 客户端

一个使用 MQTT 协议的应用程序或者设备，它总是建立到服务器的网络连接。客户端可以发布其他客户端可能会订阅的信息，或订阅其他客户端发布的消息；也可以退订或删除应用程序的消息，断开与服务器连接。

4. MQTT 服务器

MQTT 服务器又称为消息代理（Broker），可以是一个应用程序或一台设备，位于消息发布者和订阅者之间。它可以：

1）接收来自客户的网络连接。

2）接收客户发布的应用信息。

3）处理来自客户端的订阅和退订请求。

4）向订阅的客户转发应用程序消息。

5. MQTT 协议中的订阅、主题、会话

（1）订阅（Subscription）

订阅包含主题筛选器（Topic Filter）和最大服务质量。订阅会与一个会话（Session）关联，一个会话可以包含多个订阅，每一个会话中的每个订阅都有一个不同的主题筛选器。

（2）会话

每个客户端与服务器建立连接后就是一个会话，客户端和服务器之间有状态交互。会话存在于一个网络之间，也可能在客户端和服务器之间跨越多个连续的网络连接。

（3）主题名（Topic Name）

主题名是连接到一个应用程序消息的标签，该标签与服务器的订阅相匹配。服务器会将消息发送给订阅所匹配标签的每个客户端。

（4）主题筛选器

主题筛选器为一个对主题名通配符筛选器，在订阅表达式中使用，表示订阅所匹配到的多个主题。

（5）消息体

消息体为消息订阅者所具体接收的内容。

6. MQTT 协议中的方法

MQTT 协议定义了一些方法（也称为动作），用于表示对确定资源进行操作。这个资源可以代表预先存在的数据或动态生成数据，取决于服务器的实现。通常来说，资源指服务器上的文件或输出。主要方法有：

1）Connect：等待与服务器建立连接。

2）Disconnect：等待 MQTT 客户端完成所做的工作，并与服务器断开 TCP/IP 会话。

3）Subscribe：等待完成订阅。

4）UnSubscribe：等待服务器取消客户端的一个或多个主题订阅。

5）Publish：MQTT 客户端发送消息请求，发送完成后返回应用程序线程。

第 3 节　物流机器人与控制端软件通信内容

每个物流机器人需要向控制端软件发送机器人坐标列表、初始朝向、任务阶段、障碍坐标等信息，控制端软件获取相关信息后再结合其他信息，经过相应控制策略的处理得到最优组合适应度、最优组合、最优路径，并下发到各个物流机器人进行控制，MQTT 发送的数据包格式如图 6-12 所示。

物流机器人采用 MQTT 协议进行数据通信。在 MQTT 协议中，一个 MQTT 数据包由固定头（Fixed Header）、可变头（Variable Header）和消息体（Payload）三部分组成。

1）固定头：存在于所有 MQTT 数据包中，表示数据包类型及数据包的分组类标识。

2）可变头：存在于部分 MQTT 数据包中，数据包类型决定了可变头是否存在及其具体内容。

3）消息体：存在于部分 MQTT 数据包中，表示客户端收到的具体内容。

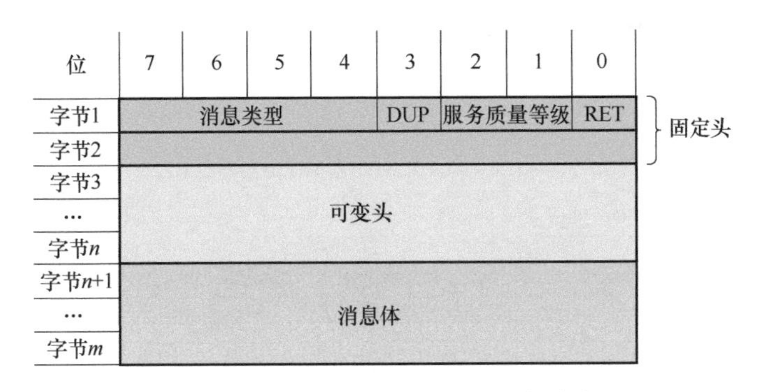

图 6-12 MQTT 发送的数据包格式

阅读拓展

物流智能机器人自组网络通信技术

将物流系统中的每辆输送车辆配置成一个无线传感器网络（WSN）的通信节点，使其成为一个车联无线通信网络中的独立节点。这样输送车辆不仅可以利用无线传感器网络信息感知的功能及时进行运行状态信息的感知，而且可以通过获取邻近车辆的状态信息并将自身的状态信息告知邻近车辆，实现分布式系统的通信，如图 6-13 所示。

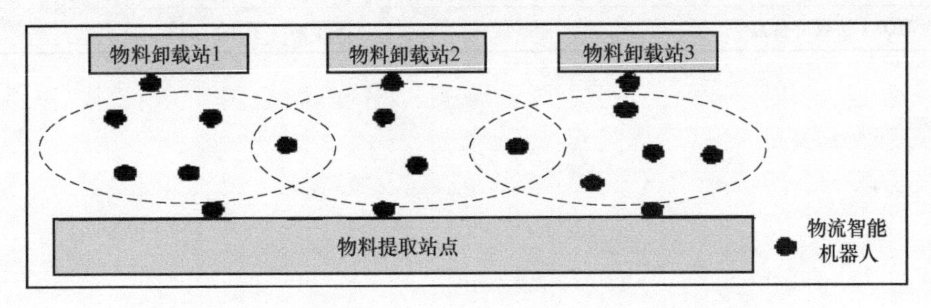

图 6-13 基于无线传感器网络的物流自组车联网络

无线传感器网络可以延伸物流系统覆盖范围内的智能移动机器人的感知空间，为其提供更大范围的传感信息。智能移动机器人作为具有高度智能和执行能力的单元，可以为与其相邻的 WSN 节点提供智能和执行能力的辅助服务。移动机器人与 WSN 结合，两者经过相互协作和支持，使得形成的混合的物流系统具备了新的功能和价值。无线传感器网络在物流系统中的应用，本质上就是将无线传感器网络通信技术与移动机器人相结合的方式。这种结合方式是将无线传感器网络节点配置在移动的物流设备上，无线传感器网络节点就像移动机器人一样具有移动性，且可自组网络。另外除了组网功能外，WSN 还具有采集周围信息的功能。

总结与评价

目前常用的区域自建无线组网方式有蓝牙（Bluetooth）、Zig-Bee、无线宽带（WiFi）三种通信技术。网络的拓扑结构有很多种，主要有星形结构、环形结构等。

1. 结合自己的学习和理解，完成本章节的知识结构图。

2. 根据自己的知识掌握情况填写下表。

序号	学习内容	掌握情况
1	TCP/IP 四层模型	不了解　了解　理解
2	TCP/IP 的功能	不了解　了解　理解
3	MAC 地址、IP 地址、域名	不了解　了解　理解
4	常用的三种无线组网方式	不了解　了解　理解
5	六种网络拓扑结构	不了解　了解　理解
6	MQTT 协议的特点	不了解　了解　理解

第7章 人机交互接口

CHAPTER 7

想一想：

指纹识别、语音识别、人脸识别等技术使人类与计算机之间的交互更加便捷。除此之外，还有哪些人机交互的方式？

人机交互（Human-Computer Interaction，HCI，或 Human-Machine Interaction，HMI），是一门研究系统与用户之间交互关系的学问。系统可以是各种各样的机器，也可以是计算机化的系统和软件。HCI 领域的研究人员观察了人类与计算机交互的方式，设计了能使人类以更新颖的方式与计算机交互的技术。人机交互界面通常是指用户可见的部分，用户通过人机交互界面与系统交流，并进行操作。

第 1 节 电子人机交互方式

一、LED

LED（Light Emitting Diode），即发光二极管，由含镓（Ga）、砷（As）、磷（P）、氮（N）等的化合物制成，如图 7-1 所示。

图 7-1 发光二极管

这种电子元件最早在 1962 年出现，早期只能发出低光度的红光，之后发展出其他单色光的版本，时至今日能发出的光已遍及可见光、红外线及紫外线，光度也有了很大的提高。随着技术的不断进步，LED 的用途也由初时作为指示灯、显示板等，到目前广泛地应用于显示器和照明。

发光二极管的核心部分是由 P 型半导体和 N 型半导体组成的晶片，在 P 型半导体和 N 型半导体之间有一个过渡层，称为 PN 结。在半导体中，由于空穴和电子的扩散，在 PN 结处形成势垒，从而抑制了空穴和电子的继续扩散。当PN结上加有正向电压时，势垒降低，电子由N区注入P区，空穴则由P区注入N区，称为少数载流子注入。注入P区的电子和P区里的空穴复合，注入N区的空穴和N区里的电子复合，这种复合同时伴随着以光子形式放出能量，因而会有发光现象。当给PN结加反向电压时，势垒增强，少数载流子难以注入，故不发光。因此发光二极管具有单向导电性，当它处于正向工作状态时（即两端加上正向电压），发光二极管才会发光，PN结的内部工作原理与结构如图7-2所示。不同半导体材料中电子和空穴所处的能量状态不同。当电子和空穴复合时释放出的能量越多，则发出的光的波长越短。常用的是发红光、绿光或黄光的二极管。发光二极管的反向击穿电压大于5V。它的正向伏安特性曲线很陡，使用时必须串联限流电阻以控制通过二极管的电流。

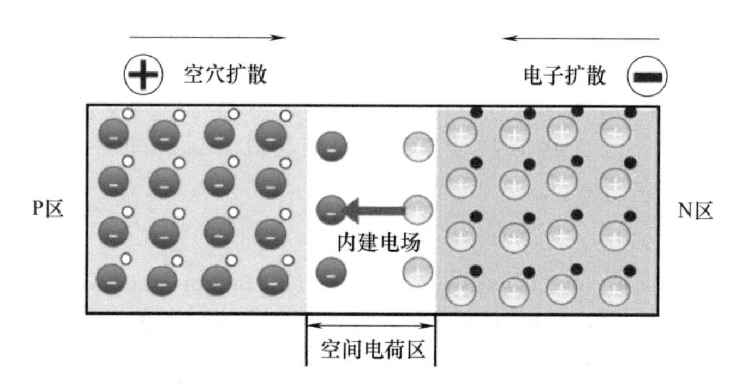

图7-2　PN结的内部工作原理与结构

LED材料、材料化学式与颜色之间的关系见表7-1。

表7-1　LED材料、材料化学式与颜色之间的关系

LED材料	材料化学式	颜色
铝砷化镓、砷化镓磷化物、磷化铟镓铝、磷化镓(掺杂氧化锌)	AlGaAs、GaAsP、AlGaInP、GaP:ZnO	红色及红外线
铝磷化镓、铟氮化镓/氮化镓磷化镓、磷化铟镓铝	AlGaP、InGaN/GaN、GaP、AlGaInP	绿色
砷化镓磷化物、磷化铟镓铝、磷化镓	GaAsP、AlGaInP、GaP	高亮度的橘红色、橙色、黄色、绿色
磷砷化镓	GaAsP	红色、橘红色、黄色
磷化镓、硒化锌、铟氮化镓、碳化硅	GaP、ZnSe、InGaN、SiC	红色、黄色、绿色
氮化镓	GaN	绿色、翠绿色、蓝色
铟氮化镓	InGaN	近紫外线、蓝绿色、蓝色
碳化硅(用作衬底)	SiC	蓝色
硅(用作衬底)	Si	蓝色
蓝宝石(用作衬底)	Al_2O_3	蓝色
硒化锌	ZnSe	蓝色
钻石	C	紫外线
氮化铝、氮化铝镓	AlN、AlGaN	波长为远至近的紫外线

物流机器人使用的 LED 可以发出绿、蓝、红三种颜色的光，如图 7-3~图 7-5 所示。

图 7-3 LED 绿色光

图 7-4 LED 蓝色光

图 7-5 LED 红色光

二、蜂鸣器

蜂鸣器是一种一体化结构的电子讯响器，采用直流电压供电，广泛应用于计算机、打印机、复印机、报警器、电子玩具、汽车电子设备、电话机、定时器等电子产品中作为发声器件。蜂鸣器的外观如图 7-6 所示。

图 7-6 蜂鸣器

按照构造方式的不同，将蜂鸣器分为压电式蜂鸣器和电磁式蜂鸣器两种。

1. 压电式蜂鸣器

压电式蜂鸣器主要由多谐振荡器、压电蜂鸣片、阻抗匹配器及共鸣箱、外壳等组成。有的压电式蜂鸣器外壳上还装有发光二极管。

多谐振荡器由晶体管或集成电路构成。当接通电源（1.5~15V 直流工作电压）后，多谐振荡器起振，输出 100~500Hz 的音频信号，阻抗匹配器推动压电蜂鸣片发声。

2. 电磁式蜂鸣器

电磁式蜂鸣器由振荡器、电磁线圈、磁铁、振动膜片及外壳等组成。

接通电源后，振荡器产生的音频信号电流通过电磁线圈产生磁场，振动膜片在电磁线圈和磁铁的相互作用下周期性地振动发声。

按照驱动方式的不同，又将蜂鸣器分为无源他激型与有源自激型两种。

1）无源他激型蜂鸣器的工作发声原理：方波信号输入谐振装置转换为声音信号输出。无源他激型蜂鸣器内部不带振荡源，所以直接用直流信号无法令其鸣叫，需要方波信号驱动。无源他激型蜂鸣器的工作发声原理如图 7-7 所示。

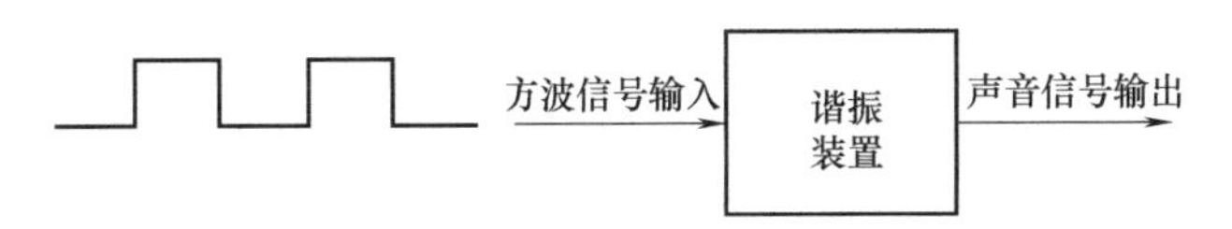

图 7-7 无源他激型蜂鸣器的工作发声原理

2）有源自激型蜂鸣器的工作发声原理：直流电源输入经过振荡系统的放大取样电路在谐振装置作用下产生声音信号。有源自激型蜂鸣器内部带振荡源，接上额定电源便可持续发声。有源自激型蜂鸣器的工作发声原理如图 7-8 所示。

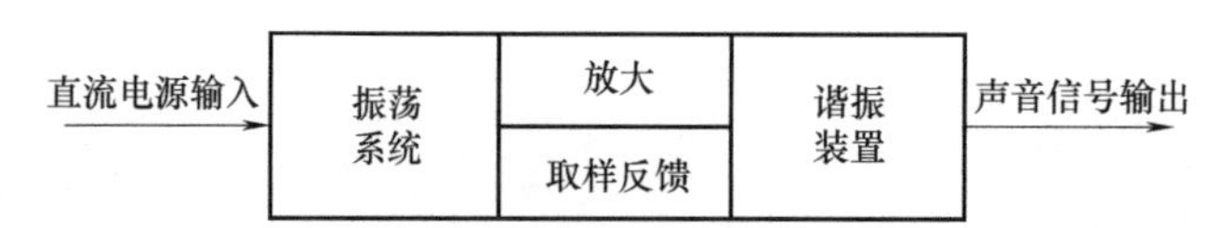

图 7-8　有源自激型蜂鸣器的工作发声原理

三、显示屏

显示屏是实现人机对话的主要工具，既可以显示键盘输入的命令或数据，也能显示计算机数据处理的结果。显示屏根据发光原理的不同，分为多个不同的种类，目前最常用的是液晶显示屏（Liquid Crystal Display，LCD）。物流机器人中所集成的显示屏如图 7-9 所示。

从液晶显示器的结构来看，LCD 面板由两块平行玻璃板构成，厚约 1mm，其间由包含液晶材料的 5μm 均匀间隔隔开。因为液晶材料本身并不发光，所以在显示屏两边都设有作为光源的灯管，而在液晶显示屏背面有一块背光板（或称匀光板）和反光膜，背光板由荧光物质组成，可以发射光线，其主要作用是提供均匀的背景光源。

液晶显示屏原理如图 7-10 所示。背光板发出的光线在穿过第一层偏振过滤层之后进入包含成千上万液晶液滴的液晶层。液晶层中的液滴都被包含在细小的单元格结构中，一个或多个单元格构成屏幕上的一个像素。在玻璃板与液晶材料之间是透明的电极，电极分为行和列，在行与列的交叉点上，通过改变电压而改变液晶的旋光状态，液晶材料的作用类似于一个个小的光阀。在液晶材料周边是控制电路部分和驱动电路部分。当 LCD 中的电极产生电场时，液晶分子就会产生扭曲，从而使穿越其中的光线进行有规则的折射，然后经过第二层过滤层后在屏幕上显示出来。

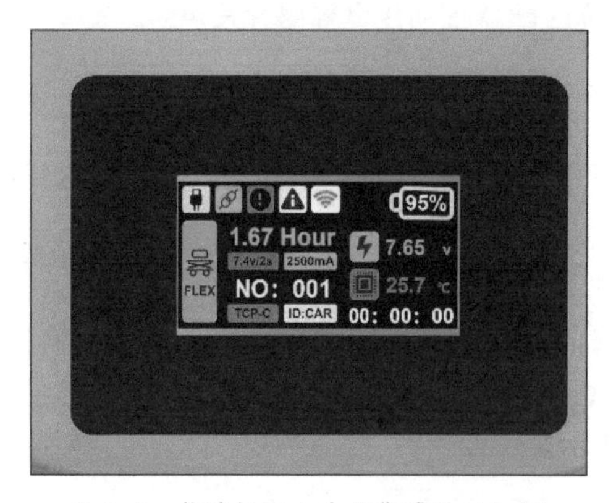

图 7-9　物流机器人中所集成的显示屏

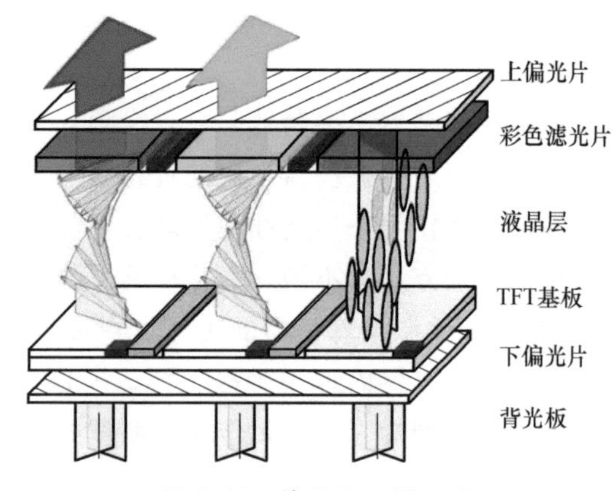

图 7-10　液晶显示屏原理

第 2 节　应用软件控制与编程

在智慧物流场景中，物流机器人从等待区去货架区搬运货架以及货物，再搬运货架及货物去取货区，最后从取货区返回货架区，这三部分功能的实现在应用软件 Flex-PF 与物流机器人之间经历了以下通信过程：

1）物流机器人与应用软件 Flex-PF 进行连接，物流机器人的编号出现在应用软件 Flex-PF 中，表示连接成功。连接成功后，应用软件 Flex-PF 就可以实时获取物流机器人的数据信息。

2）应用软件 Flex-PF 会将机器人的数据信息暂时存储到任务分配内存中，用于后续调用任务分配算法时的数据支持，数据信息包括坐标、阶段等，见表 7-2。

表 7-2 数据信息

数据	描述	信息
robotNodeList	机器人坐标列表	[[0,0],[0,1],[0,2]]
robotToward	机器人初始朝向	[1,1,1](0、1、2、3 代表着四个方向)
robotPhase	机器人任务阶段	[1,1,1]
shelveNodeList	货架坐标列表	[[0,6],[1,6],[2,6],[3,6]]
endNodeList	取货点坐标列表	[[2,0]]
obstacleNodeList	障碍坐标列表	[[0,6],[1,6],[2,6],[3,6],[0,0],[0,1],[0,2],[2,0]]
otherRobotPaths	其他机器人路径	[[[0,6],[1,6],[2,6],[3,6]],[[0,6],[1,6],[2,6],[3,6]]]
mapSize	地图尺寸	[4,7]

3）任务分配算法读取应用软件 Flex-PF 存储到内存中的数据信息，进行算法计算，并且返回计算后的数据结果。

4）任务分配算法得到的数据结果暂时存储在路径规划算法的内存中，用于后续调用路径规划算法时的数据支持。

5）路径规划算法从内存中获取任务分配算法计算得到的数据结果，继续进行处理与计算，并且返回新的运算结果。

6）路径规划算法计算后的数据结果存储到任务分配算法的内存中，用于后续任务分配算法处理数据格式时使用。

7）任务分配算法从内存中获取路径规划算法传递过来的数据结果，进行最终的数据格式处理，将数据处理为物流机器人可识别和操作的数据格式。

8）任务分配算法把处理后的数据存储到应用软件内存中。

9）应用软件 Flex-PF 把内存中经过任务分配算法、路径规划算法的计算和处理后的数据结果，同步到物流机器人，指导物流机器人的行进方向。

同步到机器人中的数据结果见表 7-3。

物流机器人内部数据传输的流程图如图 7-11 所示。

下面通过理论和编程实践相结合的方式，介绍应用软件 Flex-PF、任务分配算法、路径规划算法的运行原理及函数（接口）的编写。

表 7-3　同步到机器人中的数据结果

数据	描述	信息
Badaptation	最优组合适应度	45
combinationList	最优组合	[[[0,0],[1,6],[2,0]],[[0,1],[3,6],[2,0]],[[0,2],[0,6],[2,0]]]
paths	最优路径	[[[0,0],[1,6],[2,0]],[[0,1],[3,6],[2,0]],[[0,2],[0,6],[2,0]]]

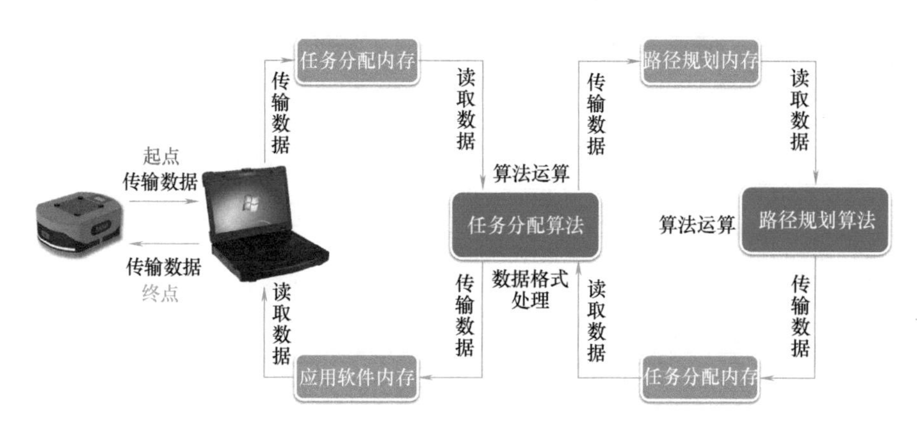

图 7-11　物流机器人内部数据传输的流程图

1. 读取内存和写入内存

在计算机中开辟出四块内存，分别是应用软件 Flex-PF 向任务分配算法传输数据的内存、任务分配算法向路径规划算法传输数据的内存、路径规划算法向任务分配算法回传数据的内存、任务分配算法向应用软件 Flex-PF 回传数据的内存、并定义每块内存的大小。利用内存来传输数据的方式有两种：一种是在内存中写入数据；另一种是读取内存中的数据。读取内存和写入内存的流程图如图 7-12 所示。

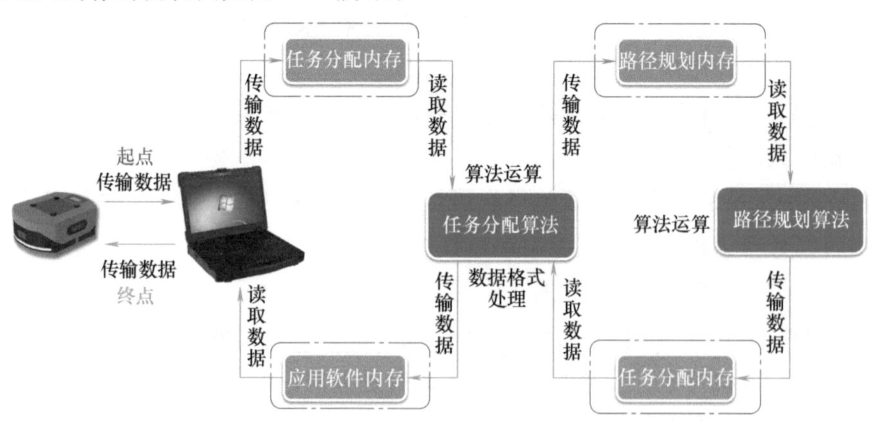

图 7-12　读取内存和写入内存的流程图

利用内存映射模块 mmap 和上下文管理模块 contextlib 等相关的模块，在计算机中开辟内存，定义内存大小，并利用上下文管理模块对内存进行写入和读取。

编程代码：

```
class CI:
    def __init__(self):#声明共享内存的名称和大小
        self.memoryTaskInput = 'Flex-PF-TaskInput'
        self.memoryTaskOutput = 'Flex-PF-TaskOutput'
        self.memoryPathInput = 'Flex-PF-PathInput'
        self.memoryPathOutput = 'Flex-PF-PathOutput'
        self.memoryLength = 2048

    def MemoryRead(self, tagName, num):#共享内存读取函数
        with contextlib.closing(mmap.mmap(-1, self.
memoryLength, tagname=tagName, access=mmap.ACCESS_READ)) as m:
            return m.read(num)

    def MemoryWrite(self, tagName, dataWrite):#共享内存写入函数
        with contextlib.closing(mmap.mmap(-1, self.
memoryLength, tagname=tagName, access=mmap.ACCESS_WRITE)) as m:
            m.write(dataWrite)
            m.flush()
```

2. 应用软件 Flex-PF 向任务分配算法的内存中传输数据

应用软件 Flex-PF 在内存中写入数据，任务分配算法读取内存中的数据。任务分配算法需要监测内存，不断地读取内存中的数据，当应用软件 Flex-PF 在内存中写入数据时，任务分配算法可以及时地发现。当内存中有数据时，任务分配算法会将数据读取出来然后进行处理，并将处理的结果返回，进行任务分配，读取数据流程所在位置的算法执行流程图如图 7-13 所示。

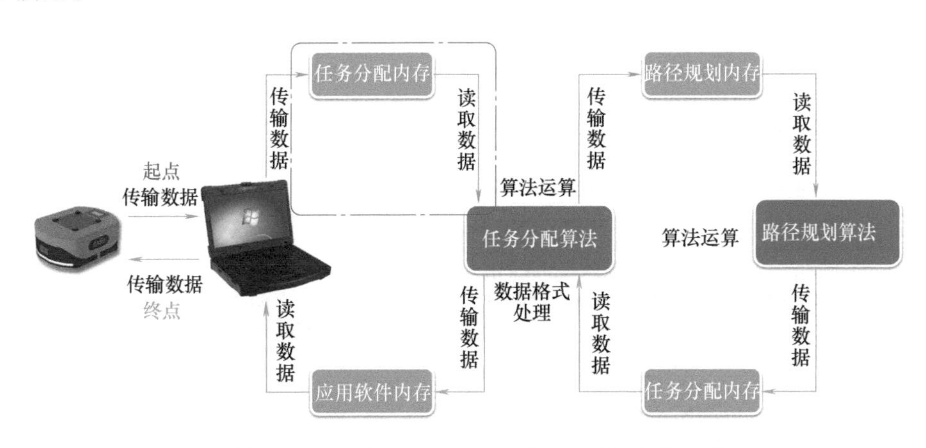

图 7-13 读取数据流程所在位置的算法执行流程图

应用软件 Flex-PF 在内存中写入的数据格式为

［数据总长度，3n 个机器人的数据长度，［机器人 x 坐标］，［机器人 y 坐标］，［机器人当前朝向］，…，

2n 个货架的数据长度，［货架 x 坐标］，［货架 y 坐标］，…，

2n 个障碍物的数据长度，［障碍物 x 坐标］，［障碍物 y 坐标］，…，

2n 个地图的数据长度，［地图的长度］，［地图的宽度］］

由任务分配算法从任务分配内存中读取数据。

编程代码：

```
# 任务分配算法接收软件端数据的函数
  def ToTaskReceive(self):
    while True:
      menoryData = bytearray(self.MemoryRead(self.memoryTaskInput, self.memoryLength))#不断读取对应内存数据
      # 数据更新后
      if menoryData[0] != 0:
        # 依次获取机器人、货架、障碍物、取货点、其他机器人数据的数据长度
        robotNodeLength = menoryData[1]          # 机器人数据长度
        shelveNodeLength = menoryData[2 + robotNodeLength]    # 货架数据长度
        obstacleNodeLength = menoryData[3 + robotNodeLength + shelveNodeLength]    # 障碍物数据长度
        endNodeLength = menoryData[4 + robotNodeLength + shelveNodeLength + obstacleNodeLength]
    # 取货点数据长度
        otherRobotPlansLength = menoryData[8 + robotNodeLength + shelveNodeLength + obstacleNodeLength + endNodeLength]    # 其他机器人路径数据的数据长度
        # 机器人数据
        robotNodeList = np.array([])
        cars_dir = []
        cars_phase = []
        for i in range(int(robotNodeLength / 3)):
          robotNodeList = np.append(robotNodeList, [menoryData[2 + i * 3], menoryData[2 + i * 3 + 1]])
#机器人坐标存储
          dirPhaseData = int(menoryData[2 + i * 3 + 2])
          cars_dir.append(dirPhaseData & 0x03)#机器人朝向存储
          cars_phase.append((dirPhaseData >> 2) & 0x03)#机器人任务阶段标志存储
        robotNodeList.resize(int(len(robotNodeList) / 2), 2)
        # 货架数据
        shelveNodeList = np.array([])
        for i in range(int(shelveNodeLength / 2)):
          shelveNodeList = np.append(shelveNodeList, [menoryData[3 + robotNodeLength + i * 2],
                                menoryData[3 + robotNodeLength + i * 2 + 1]])#货架坐标存储
        shelveNodeList.resize(int(len(shelveNodeList) / 2), 2)
        # 障碍物数据
        obstacleNodeList = []
        for i in range(int(obstacleNodeLength / 2)):
          obstacleNodeList.append([menoryData[4 + robotNodeLength + shelveNodeLength + i * 2],
menoryData[4 + robotNodeLength + shelveNodeLength + i * 2 + 1]])#障碍物坐标存储
        # 取货点数据
        endNodeList = np.array([])
        for i in range(int(endNodeLength / 2)):
          endNodeList = np.append(endNodeList, [
            menoryData[5 + robotNodeLength + shelveNodeLength + obstacleNodeLength + i * 2],
```

```
            menoryData[5 + robotNodeLength + shelveNodeLength + obstacleNodeLength + i * 2 + 1]])
#取货点坐标存储
        endNodeList.resize(int(len(endNodeList) / 2), 2)
        # 地图数据
        size = np.array([int(menoryData[6 + robotNodeLength + shelveNodeLength + obstacleNodeLen
gth + endNodeLength]),
              int(menoryData[6 + robotNodeLength + shelveNodeLength + obstacleNodeLength + endN
odeLength + 1])]) # 地图尺寸存储
        # 其他机器人路径数据
        otherRobotPaths = []
        otherRobotPlansLocation = 9 + robotNodeLength + shelveNodeLength + obstacleNodeLength +
endNodeLength
        for i in range(otherRobotPlansLength):
          oneRobotPlans = []
          for j in range(int(menoryData[otherRobotPlansLocation])):
            oneRobotPlans.append([[int(menoryData[otherRobotPlansLocation + j * 3 + 1]),
                        int(menoryData[otherRobotPlansLocation + j * 3 + 2])],
                        int(menoryData[otherRobotPlansLocation + j * 3 + 3]) / 10])
          otherRobotPlansLocation = otherRobotPlansLocation + int(menoryData[otherRobotPlansLoca
tion]) * 3 + 1
          otherRobotPaths.append(oneRobotPlans)#其余机器人未完成路径
        return robotNodeList, cars_dir, cars_phase, shelveNodeList, endNodeList, obstacleNodeList, oth
erRobotPaths, size
```

3. 任务分配算法向路径规划算法的内存中传输数据

任务分配算法在内存中写入数据，路径规划算法读取内存中的数据。任务分配算法对执行结果进行处理——改变数据格式，任务分配算法检测内存中是否有数据，在内存中没有数据的情况下，将数据写入路径规划算法的内存中，对应位置的算法执行流程图如图 7-14 所示。

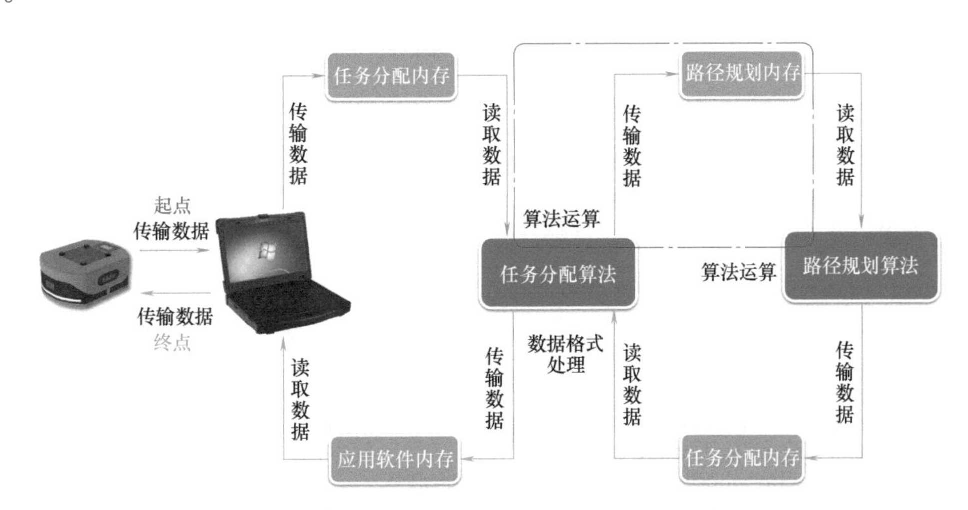

图 7-14　任务分配算法向路径规划算法的内存中传输数据对应位置的算法执行流程图

任务分配算法在内存中写入的数据格式和应用软件 Flex-PF 在内存中写入的数据格式是一致的。

编程代码：

```
# 任务分配算法发送给路径规划算法数据的函数
  def TaskToPathSend(self, car_shelf_target_group, cars_dir, cars_phase, obstacleNodeList, otherRobotP
aths, map_size):
      # 根据其他机器人的路径，计算其他机器人剩余路径的数据长度
      otherRobotPlansLen = 0
      if(len(otherRobotPaths) > 0):
          otherRobotPlansLen = otherRobotPlansLen + 1
          # 计算其他机器人剩余路径的数据长度
          for k in range(len(otherRobotPaths)):
              otherRobotPlansLen = otherRobotPlansLen + 1
              otherRobotPlansLen = otherRobotPlansLen + len(otherRobotPaths[k]) * 3
      # 将任务分配的结果重新整理数据格式
      dataWrite = [0] * (7 + len(car_shelf_target_group) * 6 + len(cars_dir) + len(obstacleNodeList) * 2 +
otherRobotPlansLen)#根据长度初始化数组
      dataWrite[0] = 100#当作数据变化的标志，无意义
      dataWrite[1] = len(car_shelf_target_group)#存储分配组合的数据长度
      for k in range(len(car_shelf_target_group)):
          dataWrite[2 + k * 6] = int(car_shelf_target_group[k][0][0])#依次存储每个组合的坐标点
          dataWrite[2 + k * 6 + 1] = int(car_shelf_target_group[k][0][1])
          dataWrite[2 + k * 6 + 2] = int(car_shelf_target_group[k][1][0])
          dataWrite[2 + k * 6 + 3] = int(car_shelf_target_group[k][1][1])
          dataWrite[2 + k * 6 + 4] = int(car_shelf_target_group[k][2][0])
          dataWrite[2 + k * 6 + 5] = int(car_shelf_target_group[k][2][1])
      dataWrite[2 + len(car_shelf_target_group) * 6] = len(cars_dir)#存储机器人朝向的数据长度
      for k in range(len(cars_dir)):
          dataWrite[3 + len(car_shelf_target_group) * 6 + k] = int((cars_phase[k] << 2) | cars_dir[k])#存储
机器人朝向的数据长度
      dataWrite[3 + len(car_shelf_target_group) * 6 + len(cars_dir)] = len(obstacleNodeList)#存储障碍物
的数据长度
      for k in range(len(obstacleNodeList)):
          dataWrite[4 + len(car_shelf_target_group) * 6 + len(cars_dir) + k * 2] = int(obstacleNodeList[k][0])
 #依次存储障碍物数据坐标
          dataWrite[5 + len(car_shelf_target_group) * 6 + len(cars_dir) + k * 2] = int(obstacleNodeList[k][1])

      dataWrite[4 + len(car_shelf_target_group) * 6 + len(cars_dir) + len(obstacleNodeList) * 2] = 2#存储
地图的数据长度
    dataWrite[5 + len(car_shelf_target_group) * 6 + len(cars_dir) + len(obstacleNodeList) * 2] = map_size
[0]#存储地图数据
    dataWrite[6 + len(car_shelf_target_group) * 6 + len(cars_dir) + len(obstacleNodeList) * 2] = map_size
[1]
      # 如果其他机器人数据存在
      if len(otherRobotPaths) > 0:
          # 存储其他机器人的数据长度
          dataWrite[7 + len(car_shelf_target_group) * 6 + len(cars_dir) + len(obstacleNodeList) * 2] = len(ot
herRobotPaths)
          tempLocation = 8 + len(car_shelf_target_group) * 6 + len(cars_dir) + len(obstacleNodeList) * 2
          for k in range(len(otherRobotPaths)):
              dataWrite[tempLocation] = len(otherRobotPaths[k])
              # 依次存储每个机器人剩余任务点的坐标点，以及每个坐标点的剩余执行时间
              for j in range(len(otherRobotPaths[k])):
                  dataWrite[tempLocation + j * 3 + 1] = int(otherRobotPaths[k][j][0][0])
                  dataWrite[tempLocation + j * 3 + 2] = int(otherRobotPaths[k][j][0][1])
                  dataWrite[tempLocation + j * 3 + 3] = int(otherRobotPaths[k][j][1] * 10)
              tempLocation = tempLocation + len(otherRobotPaths[k]) * 3 + 1
      # 不断读取路径规划算法内存中的数据，为空写入数据
```

```
    while True:
        dataReadZero = bytearray(self.MemoryRead(self.memoryPathInput, self.memoryLength))#读取内
存

        if dataReadZero[0] == 0:#如果输入内存为空，则写入数据
            self.MemoryWrite(self.memoryPathInput, bytes(dataWrite))
            break
```

4. 路径规划算法向路径规划算法的内存中传输数据

任务分配算法在内存中写入数据后，路径规划算法需要去读取内存中的数据。路径规划算法需要监测内存中是否有数据，在有数据的情况下读取数据，之后对其进行处理，并将结果返回，进行路径规划，对应位置的算法执行流程如图 7-15 所示。

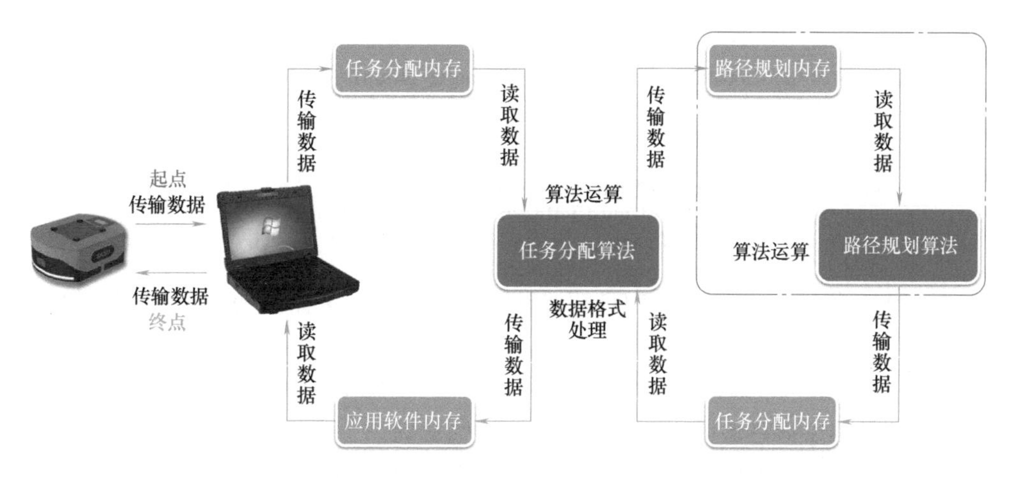

图 7-15　路径规划算法向路径规划算法的内存中传输数据对应位置的算法执行流程图

编程代码：

```
# 路径规划算法接收数据的函数
  def ToPathReceive(self):
    while True:
      dataRead = bytearray(self.MemoryRead(self.memoryPathInput, self.memoryLength))#不断读取路
径规划内存
      # 如果数据更新
      if dataRead[0] != 0:
        car_shelf_target_group = []
        cars_dir = []
        cars_phase = []
        barrier_area = []
        map_size = []
        # 获取分配组合的坐标
        for k in range(int(dataRead[1])):
          car_shelf_target_group.append([[int(dataRead[2 + k * 6]), int(dataRead[2 + k * 6 + 1])],
                          [int(dataRead[2 + k * 6 + 2]), int(dataRead[2 + k * 6 + 3])],
                          [int(dataRead[2 + k * 6 + 4]), int(dataRead[2 + k * 6 + 5])]])
        # 获取机器人的朝向和任务阶段
        for k in range(int(dataRead[2 + len(car_shelf_target_group) * 6])):
          dirPhaseData = int(dataRead[3 + len(car_shelf_target_group) * 6 + k])
```

```
            cars_dir.append(dirPhaseData & 0x03)#读取机器人的朝向
            cars_phase.append((dirPhaseData >> 2) & 0x03)#读取机器人的任务状态标志
        # 获取障碍物的坐标
        for k in range(int(dataRead[3 + len(car_shelf_target_group) * 6 + len(cars_dir)])):
            barrier_area.append([int(dataRead[4 + len(car_shelf_target_group) * 6 + len(cars_dir) + k * 2]),
int(dataRead[5 + len(car_shelf_target_group) * 6 + len(cars_dir) + k * 2])])
        # 获取地图的数据
        map_size.append(int(
            dataRead[5 + len(car_shelf_target_group) * 6 + len(cars_dir) + len(barrier_area) * 2]))#读取
地图的数据
        map_size.append(int(
            dataRead[6 + len(car_shelf_target_group) * 6 + len(cars_dir) + len(barrier_area) * 2]))
        otherRobotPaths = []
        # 获取其他机器人路径的数据
        otherRobotPlansLength = dataRead[7 + len(car_shelf_target_group) * 6 + len(cars_dir) + len(bar
rier_area) * 2]
        otherRobotPlansLocation = 8 + len(car_shelf_target_group) * 6 + len(cars_dir) + len(barrier_are
a) * 2
        for i in range(otherRobotPlansLength):
            oneRobotPlans = []
            for j in range(int(dataRead[otherRobotPlansLocation])):
                oneRobotPlans.append([[int(dataRead[otherRobotPlansLocation + j * 3 + 1]),
                                       int(dataRead[otherRobotPlansLocation + j * 3 + 2])],
                                       int(dataRead[otherRobotPlansLocation + j * 3 + 3]) / 10])
            otherRobotPlansLocation = otherRobotPlansLocation + int(dataRead[otherRobotPlansLocatio
n]) * 3 + 1
            otherRobotPaths.append(oneRobotPlans)#读取其余机器人未完成路径
        return car_shelf_target_group, cars_dir, cars_phase, barrier_area, otherRobotPaths, map_size
```

5. 路径规划算法向任务分配算法的内存中传输数据

路径规划算法在内存中写入数据，任务分配算法读取内存中写入的数据。路径规划算法把计算出的结果进行整理，将结果数据写入路径规划算法向任务分配传输数据的内存中，并且监测路径规划算法向任务分配算法传输数据的内存，当该内存为空时，将任务分配算法向路径规划算法传输数据的内存值置为空，对应位置的算法执行流程如图 7-16 所示。

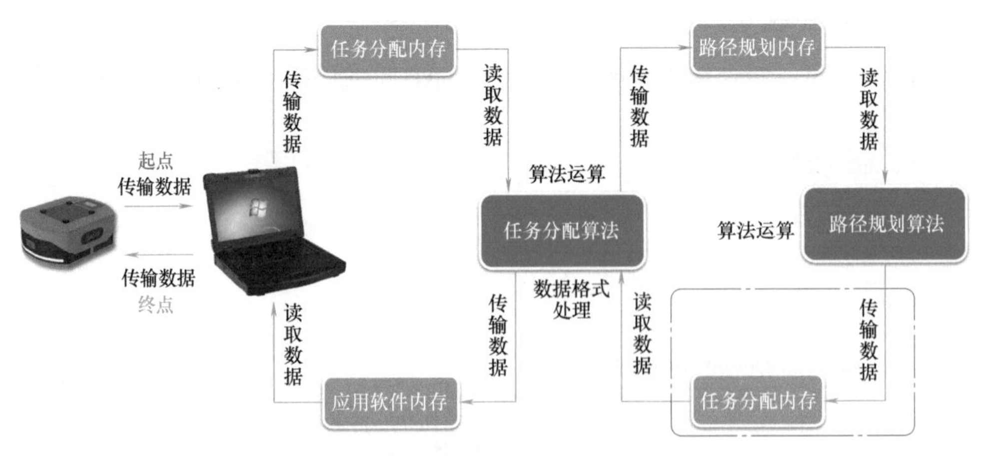

图 7-16　路径规划算法向任务分配算法的内存中传输数据对应位置的算法执行流程图

路径规划算法在内存中写入的数据格式为

[数据总长度，适应度和结束朝向的长度，适应度，结束朝向，

机器人执行坐标 x 坐标点长度，［x1］，…，［xn］，
机器人执行坐标 y 坐标点长度，［x1］，…，［xn］］
编程代码：

```
# 路径规划算法输出函数
  def ToPathSend(self, max_path_len, car_shelf_target, path, ManyCarsPlan):
    # 计算发送的数据长度，并初始化
    len_data = 8 + len(car_shelf_target) * 6 + len(path)
    for i in range(len(path)):
      len_data = len_data + len(path[i]) * 3
    mem_datawrite = [0] * len_data
    # 如果是多车规划，首位返回 100，D*算法属于多车规划，其余为单车规划
    if ManyCarsPlan:
      mem_datawrite[0] = 100
    # 否则是单车规划，首位返回 10，D*算法属于多车规划，其余为单车规划
    else:
      mem_datawrite[0] = 10

    # 将路径规划的结果重新整理数据格式
    mem_datawrite[1] = 4                    # 机器人执行路径时间指标，存储数据长度为 4

    lenBytes = struct.pack("f", max_path_len)      # 数据类型转换
    mem_datawrite[2] = int(lenBytes[0])
    mem_datawrite[3] = int(lenBytes[1])
    mem_datawrite[4] = int(lenBytes[2])
    mem_datawrite[5] = int(lenBytes[3])        #机器人执行路径时间指标，存储数据类型为 4 字节
float
    mem_datawrite[6] = len(car_shelf_target)   #存储分配组合的数据长度

    for i in range(len(car_shelf_target)):
      # 存储每个分配组合的坐标
      for j in range(3):
        mem_datawrite[7 + i * 6 + j * 2] = int(car_shelf_target[i][j][0])
        mem_datawrite[8 + i * 6 + j * 2] = int(car_shelf_target[i][j][1])
    mem_datawrite[7 + len(car_shelf_target) * 6] = len(path)   #存储执行路径的数据长度
    temp_len = 8 + len(car_shelf_target) * 6
    for i in range(len(path)):
      mem_datawrite[temp_len] = len(path[i])
      # 依次存储每个分配组合的每个执行路径的坐标和等待时间
      for j in range(len(path[i])):
        mem_datawrite[1 + temp_len + j * 3] = int(path[i][j][0][0])
        mem_datawrite[2 + temp_len + j * 3] = int(path[i][j][0][1])
        mem_datawrite[3 + temp_len + j * 3] = int(path[i][j][1] * 10)
      temp_len = temp_len + len(path[i]) * 3 + 1
    self.MemoryWrite(self.memoryPathOutput, bytes(mem_datawrite))#写入指定共享内存中
    while True:
      menoryData = bytearray(self.MemoryRead(self.memoryPathOutput, self.memoryLength))#不断读
取内存

      if menoryData[0] == 0:#检测到输出内存数据被获取，则清空输入内存
        self.MemoryWrite(self.memoryPathInput, bytes([0] * self.memoryLength))
        break
```

6. 任务分配算法向路径规划算法的内存中读取数据

在路径规划算法向任务分配算法传输数据的内存中，路径规划算法在内存中写入数据

后，任务分配算法需要读取其中的数据。任务分配算法需要监测该内存中是否存入了数据，当内存中被存入数据时，将读取到的数据进行处理，并将处理的结果返回，再执行一次任务分配算法，然后将该内存置空，对应位置的算法执行流程如图 7-17 所示。

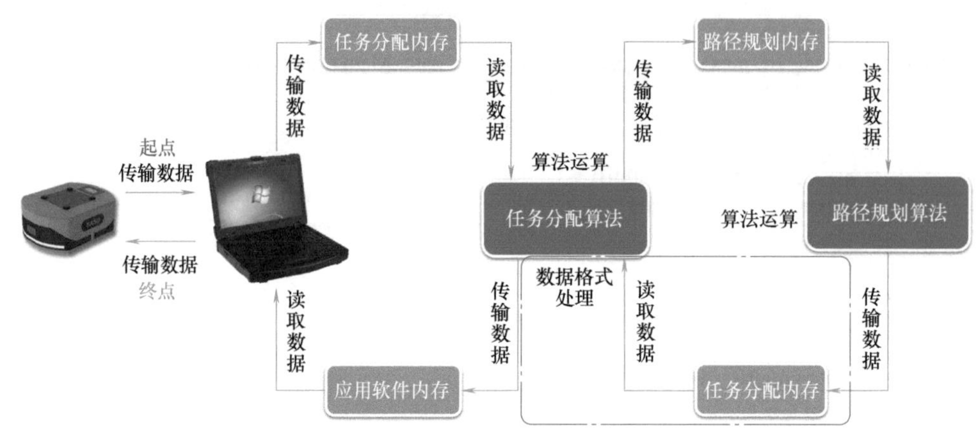

图 7-17　任务分配算法向路径规划算法的内存中读取数据对应位置的算法执行流程图

编程代码：

```
# 任务分配算法接收路径规划算法返回数据的函数
def TaskToPathReceive(self):
    while True:
        dataRead = bytearray(self.MemoryRead(self.memoryPathOutput, self.memoryLength))#读取内存
        # 如果输出内存有数据更新，则对输出内存清空，表示数据被接收
        if dataRead[0] != 0:
            self.MemoryWrite(self.memoryPathOutput, bytes([0] * self.memoryLength))
            break
    # 判断是否为多车规划
    ManyCarsPlan = False
    if dataRead[0] == 100:#如果接收到 100，则表示为多车规划，D*为多车规划，其余为单车规划
        ManyCarsPlan = True
    # 重新整理数据格式
    ba = bytearray()
    ba.append(dataRead[5])
    ba.append(dataRead[4])
    ba.append(dataRead[3])
    ba.append(dataRead[2])
    max_path_len = int(struct.unpack("!f",ba)[0] * 10)#读取 4 字节 float 类型数据
    path = []
    car_shelf_target = []
    car_shelf_target_len = int(dataRead[6])#读取分配组合的数据长度
```

```
    # 读取每个组合的坐标
    for m in range(car_shelf_target_len):
        car_shelf_target.append(((int(dataRead[7 + m * 6 + 0]), int(dataRead[7 + m * 6 + 1])) ,
                                 (int(dataRead[7 + m * 6 + 2]), int(dataRead[7 + m * 6 + 3])),
                                 (int(dataRead[7 + m * 6 + 4]), int(dataRead[7 + m * 6 + 5]))))
    path_len = int(dataRead[7 + car_shelf_target_len * 6])#读取规划路径的数据长度
    temp_len = 8 + car_shelf_target_len * 6
    # 重新整理路径的数据输出格式
    for m in range(path_len):
        alone_len = int(dataRead[temp_len])
        alone_path = []
        for n in range(alone_len):
            alone_path.append([[int(dataRead[temp_len + n * 3 + 1]),
                               int(dataRead[temp_len + n * 3 + 2])],
                               int(dataRead[temp_len + n * 3 + 3]) / 10])
        path.append(alone_path)#读取规划路径的数据
        temp_len = temp_len + alone_len * 3 + 1

    return max_path_len, car_shelf_target, path, ManyCarsPlan
```

7. 任务分配算法向应用软件的内存中传输数据

在任务分配算法向应用软件 Flex-PF 传输数据的内存中，任务分配算法在内存中写入数据，应用软件 Flex-PF 读取内存中的信息。任务分配算法将读取到的数据进行数据处理，将机器人坐标、货架坐标、取货点坐标 x、y 分别存入路线的集合中，将最优的路线再执行一次路径规划算法，将两条路线拼接到一起存入对应的 x、y 列表中，最后重置数据格式为 $3\times n$ 的二维列表，将得到的数据写入内存中。任务分配算法监测该内存中的数据，当内存中没有数据时，将应用软件 Flex-PF 向任务分配算法传输数据的内存置为空，对应位置的算法执行流程如图 7-18 所示。

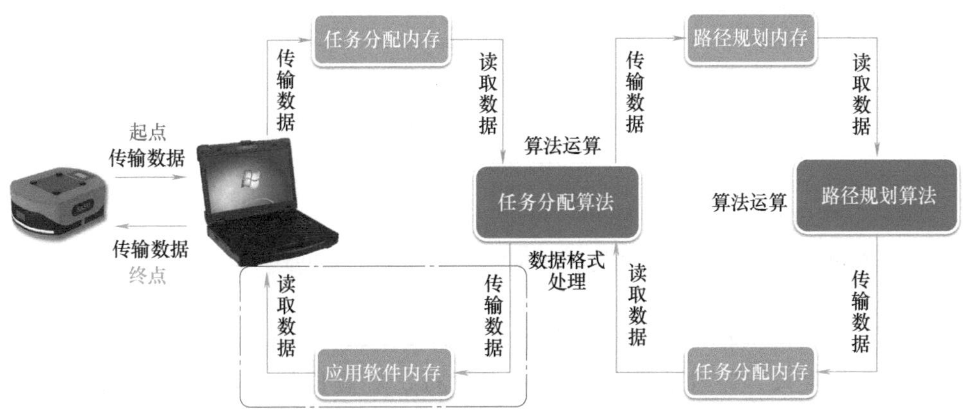

图 7-18 任务分配算法向应用软件的内存中传输数据对应位置的算法执行流程图

编程代码：

```
# 任务分配算法发送给软件端数据的函数
def ToTaskSend(self, max_path_len, car_shelf_target, path, ManyCarsPlan):
    # 计算数据总长度，生成并初始化存储数组
    len_data = 8 + len(car_shelf_target) * 6 + len(path)
    for i in range(len(path)):
        len_data = len_data + len(path[i]) * 3
    mem_datawrite = [0] * len_data
    # 判断是否为多车规划
    if ManyCarsPlan:#如果是多车规划，首位返回100，D*算法属于多车规划，其余为单车规划
        mem_datawrite[0] = 100
    else:#如果是单车规划，首位返回10，D*算法属于多车规划，其余为单车规划
        mem_datawrite[0] = 10
    # 重新整理输出格式
    mem_datawrite[1] = 4#机器人执行路径时间指标，存储数据长度4
    lenBytes = struct.pack("f", max_path_len / 10)
    mem_datawrite[2] = int(lenBytes[0])
    mem_datawrite[3] = int(lenBytes[1])
    mem_datawrite[4] = int(lenBytes[2])
    mem_datawrite[5] = int(lenBytes[3])#机器人执行路径时间指标，存储数据类型为4字节float
    mem_datawrite[6] = len(car_shelf_target)#存储分配组合的数据长度
    #存储每个分配组合的坐标
    for i in range(len(car_shelf_target)):
        for j in range(3):
            mem_datawrite[7 + i * 6 + j * 2] = int(car_shelf_target[i][j][0])
            mem_datawrite[8 + i * 6 + j * 2] = int(car_shelf_target[i][j][1])
    mem_datawrite[7 + len(car_shelf_target) * 6] = len(path)#存储执行路径数据的长度
    temp_len = 8 + len(car_shelf_target) * 6
    #依次存储每个分配组合的每个执行路径的坐标和等待时间
    for i in range(len(path)):
        mem_datawrite[temp_len] = len(path[i])
        for j in range(len(path[i])):
            mem_datawrite[1 + temp_len + j * 3] = int(path[i][j][0][0])
            mem_datawrite[2 + temp_len + j * 3] = int(path[i][j][0][1])
            mem_datawrite[3 + temp_len + j * 3] = int(path[i][j][1] * 10)
        temp_len = temp_len + len(path[i]) * 3 + 1
    self.MemoryWrite(self.memoryTaskOutput, bytes(mem_datawrite))#写入指定共享内存中
    while True:
        menoryData = bytearray(self.MemoryRead(self.memoryTaskOutput, self.memoryLength))#读取内
存
        if menoryData[0] == 0:#检测到输出内存数据被获取，则清空输入内存
            self.MemoryWrite(self.memoryTaskInput, bytes([0] * self.memoryLength))
            break
```

最后，应用软件 Flex-PF 读取任务分配算法向应用软件传输数据的内存，并将内存中的数据回传给机器人，让机器人根据结果来执行，对应位置的算法执行流程如图 7-19 所示。

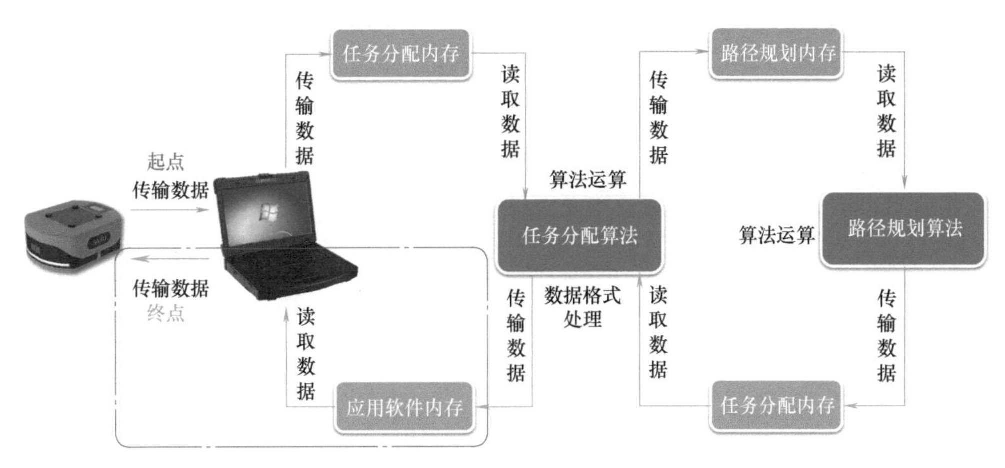

图 7-19 应用软件向机器人回传数据对应位置的算法执行流程图

阅读拓展

智能物流——AR 订单分拣智能化

对于物流行业来说，高效仓储和配运体系是确保订单快速、准确交付客户的基本保障。多年来，为了确保领先的速运水准，各大物流公司争相投资新科技、打造智能物流系统，如图 7-20 所示，AR 订单分拣智能化被公认是最具前景的解决方案！

图 7-20 AR 订单分拣智能化

为了确保商品的数量和质量交付无误，物流公司需要对每个订单进行选拣和复核，对于快递分拣员来说，这个过程既耗时又耗精力，需要逐个扫描条形码，以识别、查找物品并履行订单。据悉，一名快递分拣员每天要弯腰 3000 次以上，识别 5000 个条形码！

快递分拣员戴上 AR 智能眼镜后可以扫描整个产品货架，查找、跟踪、解锁多个条形码信息，AR 显示屏还可以标识具体商品的位置，指导仓储工作人员找到相应的货位，几秒即可完成分拣，同时物流系统信息自动更新完毕。

总结与评价

电子人机交互方式主要有三种，分别是 LED、蜂鸣器和显示屏。

1. 结合自己的学习和理解，完成本章节的知识结构图。

2. 根据自己的知识掌握情况填写下表。

序号	学习内容	掌握情况
1	人机交互的定义	不了解　了解　理解
2	电子人机交互的方式	不了解　了解　理解
3	物流机器人和应用软件的通信过程	不了解　了解　理解
4	物流机器人和应用软件的通信原理及函数（接口）的编写	不了解　了解　理解
5	利用内存传输数据的两种方式	不了解　了解　理解

第4部分

智能算法与系统仿真

随着时代的发展，网上购物（简称网购）已经成为人们生活中不可缺少的一部分，物流则是网购中重要的环节之一。近年来，某快递公司的物流机器人惊艳了世界，掀起了快递行业的新变革。物流机器人会自动排队、取货、运货等，众多机器人之间通力协作，行进过程井然有序，且不会发生碰撞，极大地提高了快递线的效率。

众多机器人之间是如何协作的？怎样做到秩序井然？

第8章 CHAPTER 8 多机器人系统与群体智能

想一想：

当工作任务变得繁重或者工作环境多变时，单个机器人将无法胜任工作，那么怎样才能更好地完成任务呢？

随着机器人技术的不断成熟，人们对于机器人的需求不再局限于单个机器人。国外对于多机器人系统的研究起步较早且发展很快，我国对于该领域的研究起步较晚。近年来，随着我国经济的不断增长，各行业对于自动化的需求持续增长，也推动了国内对于多机器人系统领域的进一步研究。

第1节　多机器人系统

当单个机器人无法胜任工作时，就需要多个机器人协作完成工作，多个机器人会组成多智能体结构。通过协作完成某一共同任务的机器人群体，称为多机器人系统，这也是机器人技术发展的一个新方向。多机器人系统不是物理意义上的单个机器人的数量相加，其作用效果也不是单个机器人作用效果的线性求和，还包括个体之间相互作用产生的增量。这种个体之间的相互作用包含两个因素：协调与合作。通过协调与合作，可使有限的个体机器人产生群体智能，完成个体无法完成的工作。

图 8-1 所示为工业场景的物流机器人。

一、多机器人系统分类

多机器人系统的重要特征和关键指标是协作性。根据协作机制的不同，多机器人系统协作分为两类：无意识协作和有意识协作。无意识协作多出现在同构机器人系统中，主要利用突现原理获得高层的协作行为；而有意识协作主要用于异构机器人协作技术的研究，并更多地依赖于规划来提高协作效率。

同构机器人指组织形式与内部架构均相同的机器人，可运行相同或不同形式的程序，如本实训平台的物流机器人；异构机器人主要指组织形式与内部架构均不同的机器人，如物流

图 8-1 工业场景的物流机器人

系统中的搬运机器人、分拣机器人等。

1. 无意识协作的同构多机器人系统

无意识协作多机器人系统多为同构系统，其特点为：①个体功能简单且数量众多；②通过本地交互，得到全局的突现行为；③系统鲁棒性好；④无全局目标，系统性能难于控制，不适用于复杂任务。无意识协作机器人适用于大空间、无时间要求的重复性操作任务，如清洁、采集等；同时也适用于危险或有害区域内的监测、探索和搜寻任务，如可用许多小型轻便的、可丢弃的、相对廉价的机器人来完成核辐射区域内的监测任务。

无意识协作多机器人系统主要仿生社会性生物群落（蚁群、蜂群等）的运行机制，利用大量简单、无意识的自主个体，通过局部交互和自组织作用，使整个系统呈现协调、有序的状态，并最终达到较高的集群智能。比较典型的系统包括瑞士联邦理工学院的 Alice、日本名古屋大学的 CEBOT、美国 MIT 的 SwarmBot 集群机器人系统、美国 Sandia 国家实验室的 MARV、美国南加州大学的 Super-Bot 以及德国斯图加特大学的进化多机器人有机体等。

2. 有意识协作的异构多机器人系统

有意识协作多机器人系统多为异构系统，其特点为：①系统规模小，个体智能水平较高；②拥有全局目标，系统性能易于掌握；③对通信要求较高；④对协调控制机制依赖性大。在实际应用中，多机器人系统的成员个体往往存在设计、结构乃至智能上的差异，因此有意识协作多机器人系统多为异构系统。有意识协作的异构多机器人系统适用于复杂的任务，如合作搬运、协同定位、运动规划等。

二、多机器人系统的发展与应用

1. 多机器人系统的发展

自 20 世纪 50 年代末第一台工业机器人诞生至今，机器人的发展已经历了半个多世纪。

纵观机器人发展史，机器人技术在需求的牵动下已经得到了巨大的发展。随着技术的发展，人们对机器人的要求不仅仅局限于单个机器人，多个机器人组成的系统得到越来越多的关注和研究。

对于多机器人系统的研究是从20世纪70年代开始的，国外许多高校和科研机构对多机器人系统进行了广泛的研究。经历了二十多年的发展，多机器人系统的研究在理论和实践方面均取得了大量卓有成效的研究成果，同时建立了许多有关多机器人的仿真系统和实验系统。目前，国内外对于多机器人系统的研究越来越深入，欧盟设立了专门的课题进行多机器人系统研究，国内对于多机器人系统的研究也处于活跃状态。

在研究和应用的双重推动下，多机器人系统、多机器人协调协作的研究已经成为机器人学研究的主要方向。今后，随着科技的发展，多机器人系统的应用领域将会逐渐扩大，也将极大地提高人们的生活质量和现代化程度。

2. 多机器人系统的应用

多机器人系统在工业、农业、医学、军事、生产等领域都有巨大的潜在应用市场。

在工业领域，多机器人系统可以在生产线上发挥巨大的作用，工业生产对行业自动化设备的需求，意味着对高效、高鲁棒性异构机器人的需求，有助于实现工业生产的自动化，解放人力，并提高生产效率。

在医学领域，人体内有一些狭窄部位，如肠道、胃或者血管等，医疗器械不便于检测，可以选择使用大量的微机器人进入人体，发现病变部位并进行修补，辅助医疗检查与治疗。

在军事领域，可以使用多机器人系统协作完成相对危险的军事活动，维护士兵的安全，减少战争对于士兵的消耗。

在航天领域，可以使用多个廉价机器人探测外太空，对卫星和空间站的内外进行维护，减少对人员的依赖。

在远地作业等某些相对复杂的工作环境，如煤矿火山口样本采集、行星科学探险、水下培育作物等任务，可以使用多机器人系统来完成。人类远程干预，与机器人协作完成复杂任务。

在农业上，可使用多机器人系统协作完成插秧、播种、喷洒农药、收割等重体力劳动或者单调的重复工作，进而解放大量的人力资源，实现农业生产的自动化。

第2节　群体智能

一、群体智能的起源

人们在很早的时候就对自然界中存在的群集行为产生兴趣，如大雁在飞行时自动排成“人”字形（图8-2），蚂蚁聚集在一起寻找食物、制造巢穴、抵御入侵，并且还会将它们的身体相互连在一起组成很长的桥，用来跨越很长的距离等（图8-3）。在自然界中，这样的生物个体并没有多少智能，但是当它们组成一个群体之后，在交互过程中就会产生出这些复杂的行为。

图 8-2 集群飞行的大雁

图 8-3 集群觅食的蚂蚁

对于这种现象的一种解释是群体中的每个个体都遵守一定的行为准则，当它们按照这些准则相互作用时就会表现出复杂的行为，这种群居性生物表现出来的智能行为称为群体智能。

"群体智能"一词最早于 1989 年由 Gerardo 和 Jing Wang 两人针对计算机屏幕上细胞机器人的自组织现象所提出。群体智能（Swarm Intelligence，SI）或称集群智能（Collection Intelligence，CI），是由一组自由个体/智能体（Individual/Agent）遵循简单的行为规则，通过个体间的局部通信以及个体与环境间的交互作用而涌现出来的集体智能行为的自组织特性，是对现实世界中的群居性生物（如昆虫等动物）所体现出的宏观自组织行为的抽象。群体智能的研究起源于以蚂蚁、蜜蜂等为代表的社会性昆虫。

群体智能相较于单体智能往往具备更强的鲁棒性、灵活性以及经济性，因此在其被提出至今，不断有计算机科学家通过研究生物群体或人工群体的习性特征，开创出一些智能仿生算法。常见的几种算法如下：

1）1975 年，遗传算法（Genetic Algorithm，GA）。

2）1992 年，蚁群算法（Ant Colony Optimization，ACO）。

3）1995 年，粒子群算法（Particle Swarm Optimization，PSO）。

4）2002 年，人工鱼群算法（Artificial Fish Swarms Algorithm，AFSA）。

5）2002 年，细菌觅食算法（Bacterial Foraging Optimization，BFO）。

6）2003 年，混合蛙跳算法（Shufled Frog Leaping Algorithm，SFLA）。

7）2005 年，人工蜂群算法（Artificial Bee Colony Algorithm，ABCA）。

8）2010 年，烟花算法（Fireworks Algorithm，FWA）。

9）2012 年，花朵授粉算法（Flower Pollination Algorithm，FPA）。

二、群体智能的基本特征

群体智能的控制是分布式的，不存在中心控制，群体有自组织性，其中的智能就是大量个体在无中心控制的情况下体现出来的宏观有序的行为。这种大量个体表现出来的宏观有序行为称为涌现现象（Emergence）。如果没有涌现现象，就无法体现出智能。因此，涌现是群体智能系统的本质特征。

群体智能涌现的特征遵循以下基础原则：

邻近原则（Proximity Principle）：群体能够进行简单的空间和时间的计算。

品质原则（Quality Principle）：群体能够响应环境中的品质因子。

多样性反应原则（Principle of Diverse Response）：群体的行动范围不应该过于狭小。

稳定性原则（Stability Principle）：群体不能每次环境变化时都改变自身的行为。

适应性原则（Adaptability Principle）：群体能够随着环境的改变适当调整自身的行为。

集群涌现的成果来源于集群内所有个体的贡献，单个智能体遵守社会协作机制、自我适应机制和竞争机制，所有个体拥有的特征使得整个群体具备自组织性（Self-Organization）与隐式交互性（Stigmergy）。

三、群体智能的应用

模拟生物蚁群智能寻优的蚁群算法和模拟鸟群运动模式的粒子群算法，是群体智能的两种典型实现算法，受到学术界的广泛关注，并且在电力系统、计算机、冶金自动化等领域得到了有效的应用。除此之外，两大算法还被应用于许多工程优化问题的求解，如神经网络进化、电路设计、数字滤波器、半导体器件综合和布局优化等。

群体智能算法在电力系统优化中有着广泛的应用，如配电网扩展规划、检修计划、机组组合、负荷经济分配、最优潮流计算与无功优化控制、谐波分析与电容器配置、配电网状态估计、参数辨识、优化设计等方面。

在计算机领域，群体智能算法主要在数据挖掘、图像处理以及计算机图形学领域有着成功的应用。

在冶金自动化领域，群体智能算法也有着成功的应用，如在对粗轧宽展控制模型进行优化方面，采用粒子群算法对粗轧宽展控制模型进行优化。

群体智能在通信、化工、生物医学以及电磁学等多个领域都有一定的应用。

第3节　多机器人物流系统智能算法应用

计算机科学家们根据简单生物的群体智能研究出多种智能算法，并将智能算法应用到计算机中。智能算法作为优化算法被广泛地应用于实际问题中，如将智能算法应用到多机器人物流系统中，可将单个机器人作为智能较低的简单生物，将多个机器人作为可以产生群体智能的生物群体。

蝙蝠在洞穴内高速飞行却不会撞到同伴，映射到多机器人物流系统中，通过智能算法可以使多个机器人在地图中移动不发生相撞；蚂蚁在寻找食物时会通力合作，某一只蚂蚁找到食物后，会去告知其他蚂蚁关于食物的位置，然后众多蚂蚁会找到距离食物最近的一条路径，把食物搬运回洞穴，映射到多机器人物流系统中，通过智能算法能使所有机器人找到对应货物、货架距离目标最近的路径。

在多机器人物流系统中，通过下订单的方式，将多个任务通过智能算法分配给不同的机器人，通过算法的计算得到所有机器人到货架区，再从货架区到取货点的最优路径，之后机器人沿着最优路径移动，并且在途中不会与其他机器人发生碰撞，直到在货架区抬起分配好的货架，移动到取货点，最后再由仓储管理人员取走货物。图 8-4 所示为物流系统模拟仓储场景效果图。

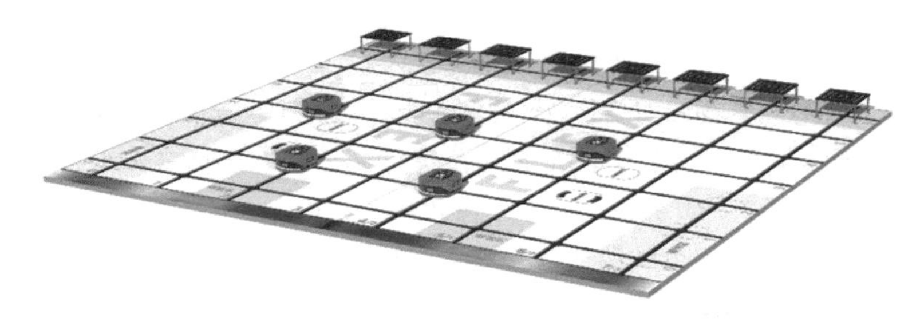

图 8-4　物流系统模拟仓储场景效果图

智能算法在移动机器人控制、群机器人路径规划、机器人运动避障等中的应用，具有高效性、高鲁棒性、高精度等优点，其开放性使得各种优化方法可以互相补充、优化算法的性能，使算法在处理不同问题时具有更强的适应能力与灵活性。

阅读拓展

著名的多机器人系统

经过二十多年的发展，多机器人技术已在理论和实践方面取得了大量卓有成效的研究成果，并建立了一些多机器人的实验系统。

1. CEBOT (CEIlular roBOTic)

CEBOT 系统是由日本名古屋大学的 T. Fukuda 教授领导的研究小组开发的。CEBOT 是一种自重构机器人系统（Seif-Reconfigurable Robotic System），它的研究受生物细胞结构的启发，将系统中众多的具有相同或不同功能的机器人视为细胞元，这些细胞元机器人可以移动、寻找和组合。根据任务或环境的变化，细胞元机器人可以自组织成器官化机器人，多个器官化机器人可以进一步自组织，形成功能更加复杂的机器人系统。细胞结构机器人系统强调单元体的组合如何根据任务和环境的要求动态重构。因此，系统具有多变的构型，可以具有学习和适应的组智能（Group Intelligence），并具有分布式的体系结构。

2. Collective Robotics 实验系统

加拿大 Alberta 大学开发了一个实验系统——Collective Robotics。Collective Robotics 是对昆虫社会的一种人工模拟，目的是将许多简单的机器人组织成一个团体来完成一些有意义的工作。为实现这一目标，研究针对集体任务（Collective Tasks）机器人的控制体系结构和算法以及传感信息的分析等。具体来说，在机器人之间没有建立显式通信的条件下，如何利用分散式控制方式实现多机器人系统的协作。

3. Cooperative Robotics 实验系统

美国 Oak Ridge 国家实验室的 Lynne E. Parker 博士在 MIT 做博士期间就在多 Agent 协作、自主 Agent 体系结构、多 Agent 通信等方面做了许多工作。在 Oak Ridge 国家实验室又带领一研究小组在协作机器人学方面做了许多工作，如人机协作、移动机器人协作、多 Agent 协作、智能 Agent 体系等。他们研究的协作机器人是集成感知、推理、动作的智能系统，着重研究在环境未知且在任务执行过程中环境动态变化的情况下，机器人如何协作完成任务。

4. Socially Mobile 和 The Nerd Herd 实验系统

美国 USC 大学的学者 Maja J. Mataric 等在基于行为的多机器人协作方面做了许多工作。他们采用自下而上的路线，基于行为的方式研究分析、设计机器人群行为的实现，在多机器人学习、群体行为、协调与协作等方面开展了工作。

Socially Mobile 系统由四个移动机器人组成，机器人由两台电动机驱动，且装有一个二指抓手，机器人上安装了多种传感器，包括碰撞传感器、红外传感器、色觉传感器（Color Sensor）和用于通信及数据收集的无线发送/接收装置，另外，还有用于定位的超声系统。机器人采用包容式结构（ Subsumption Architecture）。Socially Mobile 系统主要用于群体行为、多机器人学习等各种实验，为多机器人系统的分析、建模提供了有效的数据。

The Nerd Herd 系统由 20 个机器人组成，机器人上装有用于抓取、堆放物品的抓手，抓手上装有 IR 和接触传感器。The Nerd Herd 系统是第一个用于大规模机器人群体行为实验的系统，且已广泛用于其他多机器人控制和协调实验。

5. MRCAS（Multi-Robot Cooperative Assembly System）

中国科学院沈阳自动化所以制造环境应用多机器人装配为背景，建立了一个多机器人协作装配实验系统（MRCAS），目的是建立一个实验平台，为多机器人协作研究提供研究环境和实验手段，并在多机器人协作理论研究的基础上开展多机器人协作的实验研究。

总结与评价

多机器人协作的研究已经成为机器人学研究的主要方向。协作性是多机器人系统的重要特征。根据协作机制的不同，多机器人系统主要分为两大类。多机器人系统思想主要来源于自然界中的集群行为，群体智能遵循五大基础原则，在各领域都得到了广泛的应用。

1. 结合自己的学习和理解，完成本章节的知识结构图。

2. 根据自己的知识掌握情况填写下表。

序号	学习内容	掌握情况
1	多机器人系统的定义和分类	不了解　了解　理解
2	无意识协作的同构多机器人系统和有意识协作的异构多机器人系统的特点和适用范围	不了解　了解　理解
3	多机器人系统的应用领域	不了解　了解　理解
4	群体智能的定义	不了解　了解　理解
5	群体智能的基本特征	不了解　了解　理解
6	群体智能遵循的五大原则	不了解　了解　理解

第9章 单机器人路径规划

CHAPTER 9

想一想：

机器人在行进的过程中可以有多条行进轨迹，面临众多选择，如何在避免与障碍物发生碰撞的同时找出最优的行进路线？

移动机器人是集中了机械、电子、计算机、自动控制以及人工智能等多门学科知识的重要研究成果，在生产生活中常用来完成运输、分拣、上下料等任务。在移动机器人相关技术的研究中，路径规划技术是一个重要的研究领域。

第 1 节　路径规划

依据某种原则，在工作空间中找到一条从起始点到目标点且能避开障碍物的最优路径称为路径规划。将连接起点位置和终点位置的序列点或曲线称为路径，那么路径规划也就是构成路径的策略。路径规划是运动规划的主要研究内容之一。

在机器人工作的环境中，遇到的障碍物分为静态障碍物与动态障碍物。针对环境中的障碍物可将路径规划分为静态路径规划和动态路径规划。静态路径规划是指机器人在有静态障碍物的工作环境中寻找一条从起点到目标点的运动路径，使机器人在运动过程中能够安全无碰撞地绕过所有障碍物。动态路径规划是指机器人在有动态障碍物的环境中先寻找一条恰当的从起点到目标点的运动路径，然后在运动的过程中发现动态障碍物后，实时更新当前位置到目标点的路径。

假设 B 为一机器人系统，并假设 B 在一个空间 V 中，有一组该机器人系统已知的障碍物，机器人可以进行无碰撞运动。那么对于机器人 B 的路径规划为：在空间 V 中，给 B 一个初始位姿 Z1、一个目标位姿 Z2 和一组已知的障碍物，寻找一条从 Z1 到 Z2 的连续的避碰最优路径，如果该路径存在，那么就规划出一条这样的路径。

移动机器人路径规划主要解决三个问题：

1）机器人从初始点运动到目标点。

2）通过算法规划路径，使机器人绕开障碍物并且经过某些必须经过的坐标点。使用算法规划机器人路径时，算法先去搜索地图，然后回溯搜索过的路径，找到目标点到初始点较优的路径。

3）在完成以上任务的前提下尽量优化机器人的运行轨迹。

第2节 盲目式搜索与启发式搜索

机器人在未知区域探索时需要采用一定的搜索策略对其路径选择进行指导，在搜索的同时对当前区域进行地图建模，建立距离等高图（距离代价相等的点处于同一等高线），由此可以获得任意两点间的最短路径。根据搜索时是否依靠信息可以将搜索分为盲目式搜索和启发式搜索。

盲目式搜索又称无信息搜索，在搜索过程中按照预定的控制策略进行搜索，途中获得的路径信息用来改变控制策略。常用算法主要包括广度优先搜索算法和深度优先搜索算法。这两种搜索算法在搜索时都按规定路线进行，不使用与问题相关的启发性信息，适用于状态空间图是树状结构的简单问题。盲目式搜索的搜索效率低，会在计算时耗费过多的空间与时间。

启发式搜索就是在搜索中键入启发性信息，用来指导搜索过程朝着最有希望的方向前进。启发性信息就是在搜索过程中获取到的控制前进方向的信息，其用途可分为三种：①用于确定要扩展的下一节点的位置，以免盲目地去扩展；②在扩展下一节点的过程中，用于决定要生成哪一个节点或哪几个后继节点，以免盲目地同时生成所有可能的节点；③用于确定某些应该从搜索树中抛弃或修剪的节点。主要的搜索算法为 A^* 搜索算法。

基于已知障碍信息的地图绘制的等高图可以使用广度优先搜索算法或深度优先搜索算法。

一、广度优先搜索算法

广度优先搜索算法（Breadth First Search，BFS）目的是系统地展开并检查图中的所有节点，以找寻结果。该算法并不考虑结果的可能位置，而是彻底地搜索整张图，直到找到结果为止。

1. 算法原理

依次从根节点开始，逐层对节点进行扩展并考察该节点能否成为目标节点，在第 n 层的节点没有全部扩展并考察结束之前，不扩展第 $n+1$ 层的节点，如图 9-1 所示。

广度优先算法一般是依靠先进先出的队列或堆栈实现，将相邻且未被搜索的节点放置在 open 容器中（队列或者一维列表），被搜索过的节点放置在 close 容器中，通常称为 open-close 表。具体的搜索规则如下：

1）从根节点开始，先将根节点压入 open 队列中，如图 9-2 所示。

2）访问根节点相邻的所有节点（A_1、A_2），并把相邻的所有节点压入 open 队列中，将根节点从 open 表中删除并将根节点压入 close 堆栈中，操作过程如图 9-3 所示。

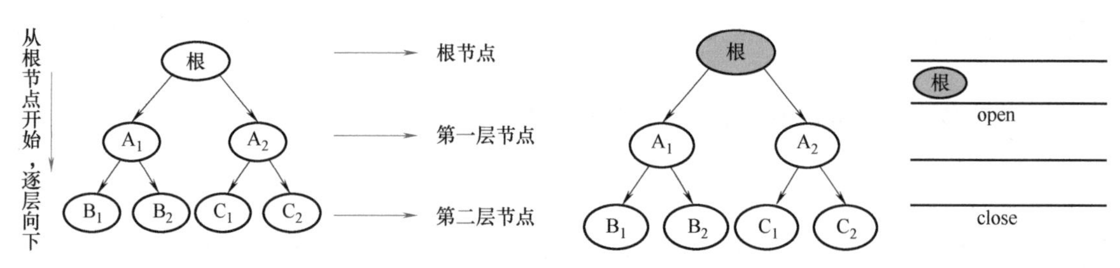

图 9-1　树状结构的广度优先算法图

图 9-2　从根节点开始将根节点压入 open 队列

3）将 open 队列中当前的队首节点作为新的节点，开始搜索与其相邻的节点，重复上一步操作，操作过程如图 9-4~图 9-8 所示。

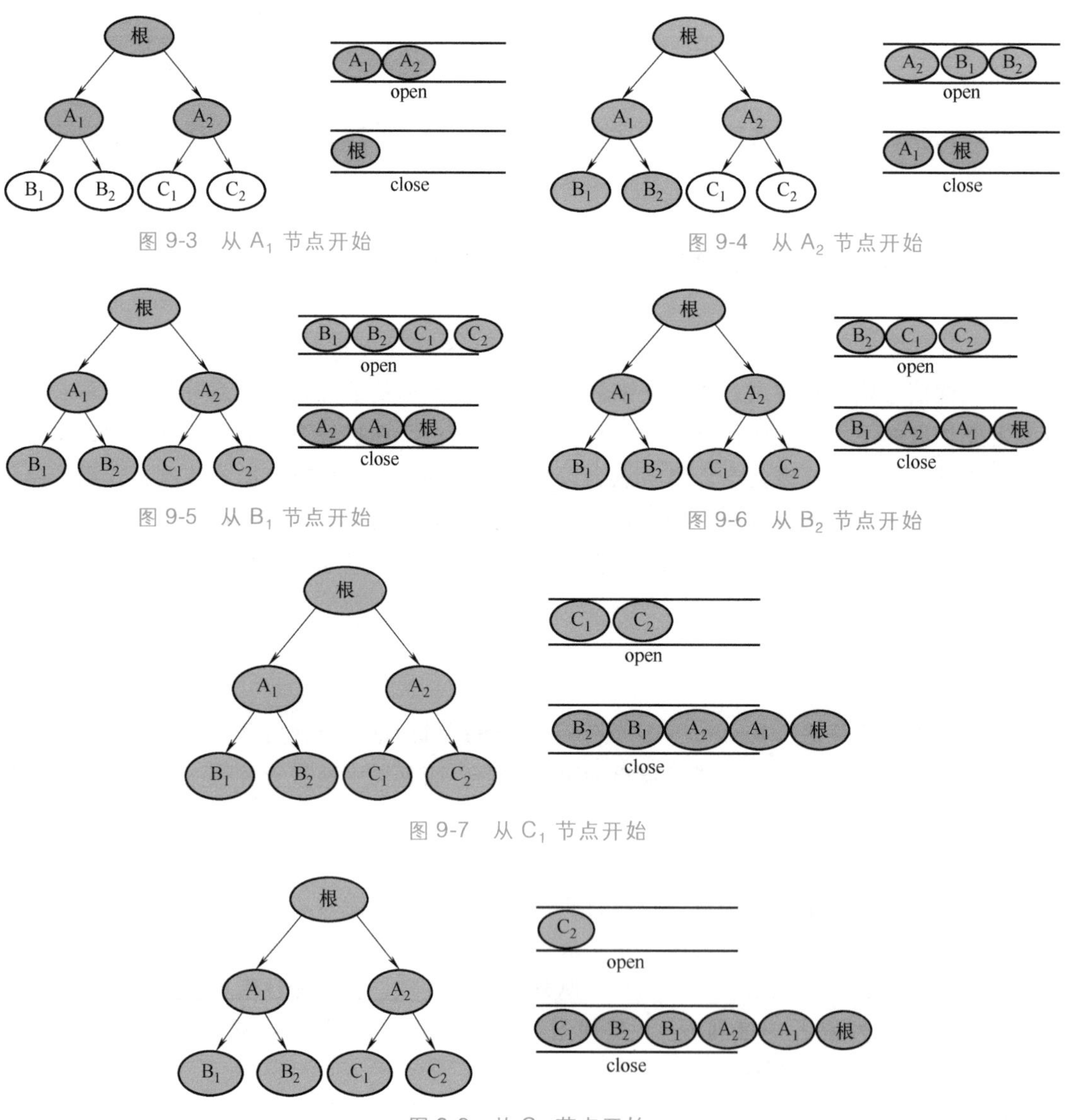

图 9-3　从 A_1 节点开始

图 9-4　从 A_2 节点开始

图 9-5　从 B_1 节点开始

图 9-6　从 B_2 节点开始

图 9-7　从 C_1 节点开始

图 9-8　从 C_2 节点开始

4）直到所有节点全部搜索完毕，open 队列中没有节点，结束搜索，如图 9-9 所示。

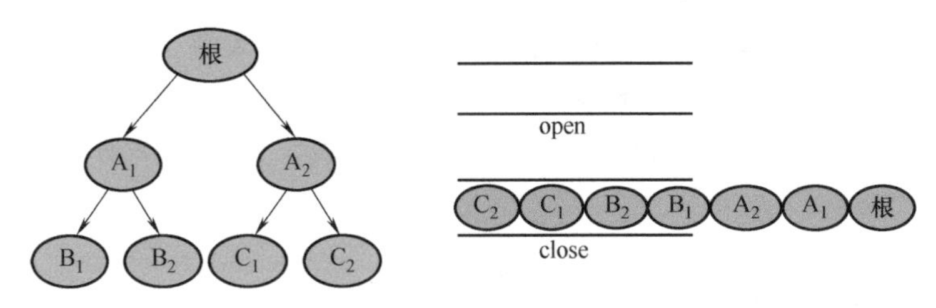

图 9-9 全部压入 close 堆栈中

2. 算法实例

将树状图映在地图上，以 4×4 尺寸的地图环境为例，演示 BFS 算法的逐步搜索过程。

假设机器人存在多个前进方向时的优先顺序为：上>右>下>左（绝对方向），在该例中定义 open 表为一个队列、close 表为一个堆栈。或者用 0 和 1 两种状态分别表示该坐标在 open 表或 close 表中，所有坐标的标志位事先初始化为 0，表示未访问过或存在未访问相邻坐标。

机器人每向前移动一步，机器人的移动步数增加 1，当机器人出现转向时，机器人的移动步数增加 0.5，机器人的初始化与队列的初始化如图 9-10 所示。

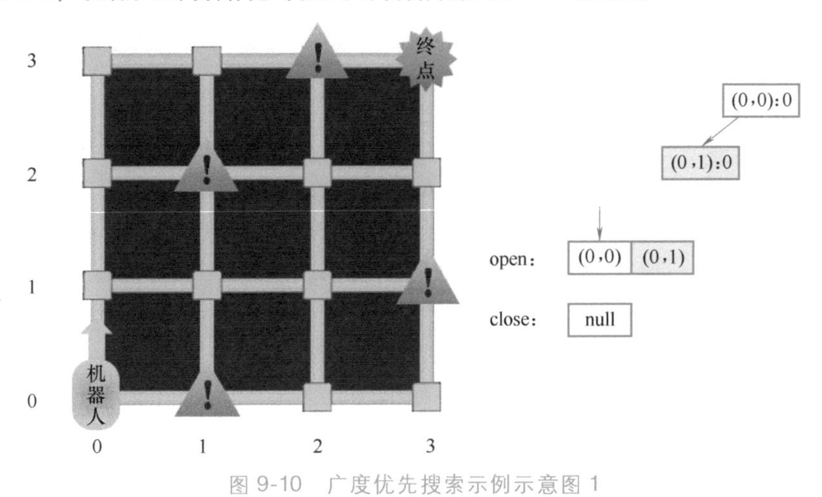

图 9-10 广度优先搜索示例示意图 1

第 1 步：先将起始坐标（0，0）加入 open 表；访问起始坐标，检测出当前坐标（0，0）有不在 close 表中的相邻坐标（0，1），将（0，1）加入 open 表，如图 9-11 所示。

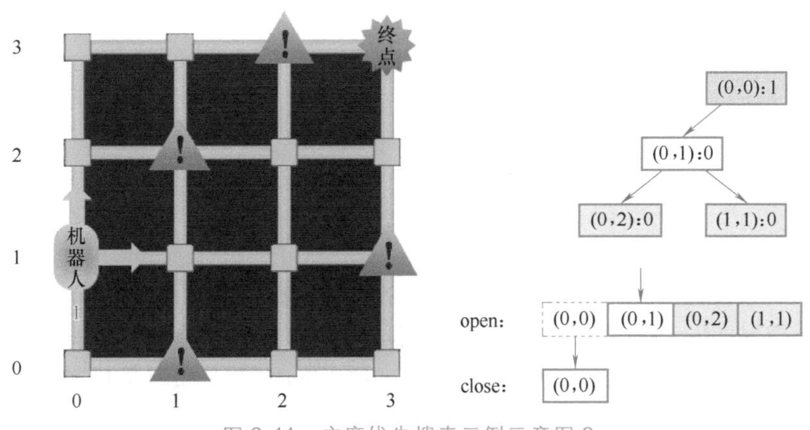

图 9-11 广度优先搜索示例示意图 2

第 2 步：机器人向前移动一步，记录移动步数；将 open 表首位（0，0）压入 close 表；访问新 open 表首位坐标（0，1），检测出当前坐标（0，1）有不在 close 表中的相邻坐标（0，2）和（1，1），将（0，2）和（1，1）加入 open 表，如图 9-12 所示。

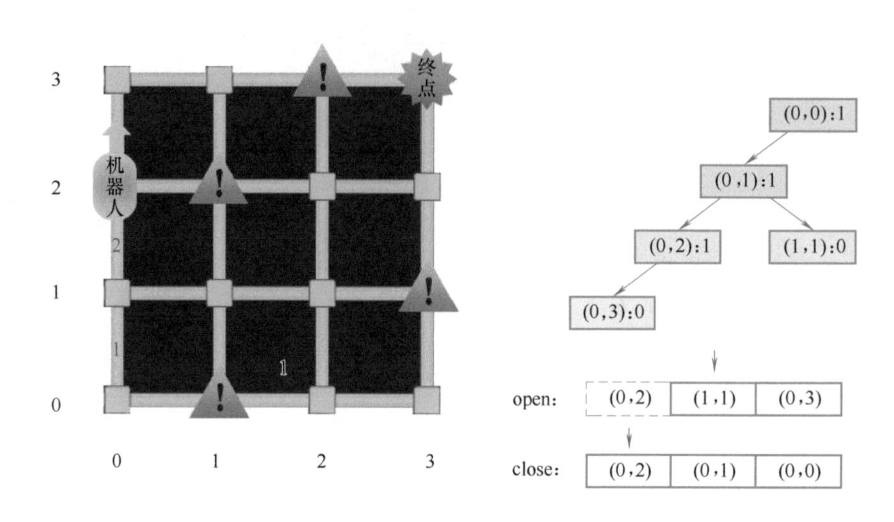

图 9-12　广度优先搜索示例示意图 3

第 3 步：先搜索第 1 个节点，记录机器人移动步数；将 open 表首位（0，1）压入 close 表；访问新 open 表首位坐标（0，2），检测出当前坐标（0，2）有不在 close 表中的相邻坐标（0，3），将（0，3）加入 open 表，如图 9-13 所示。

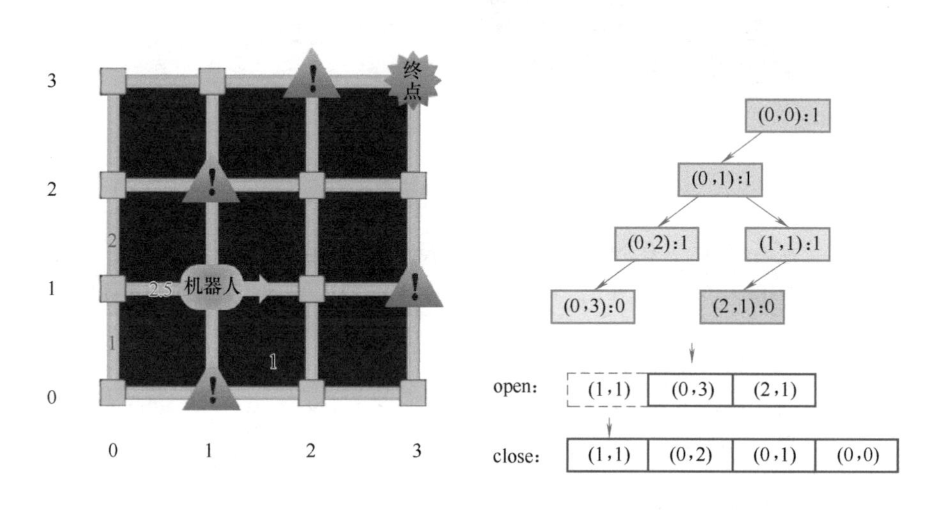

图 9-13　广度优先搜索示例示意图 4

第 4 步：继续搜索第 2 个移动节点，并记录移动步数，同时添加转向数值；将 open 表首位（0，2）压入 close 表；访问新 open 表首位坐标（1，1），检测出当前坐标（1，1）有不在 close 表中的相邻坐标（2，1），将（2，1）加入 open 表，如图 9-14 所示。

后续第 5~10 步同第 2~4 步，如图 9-15~图 9-20 不断重复第 2~4 步之间的搜索操作。

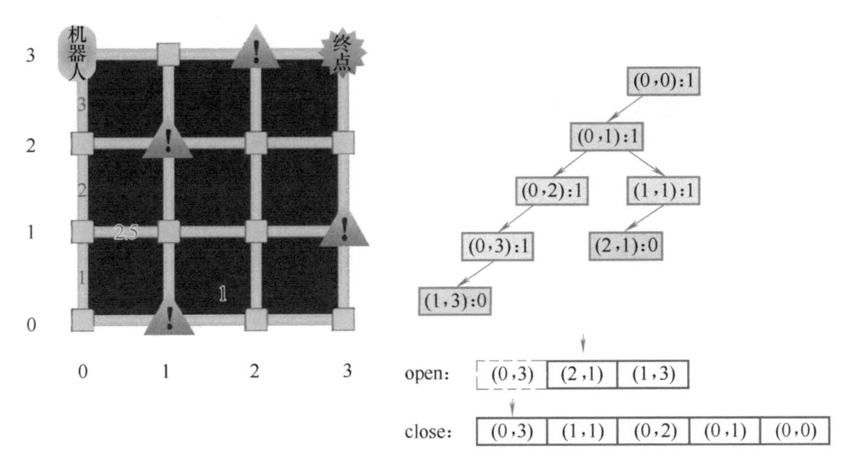

图 9-14　广度优先搜索示例示意图 5

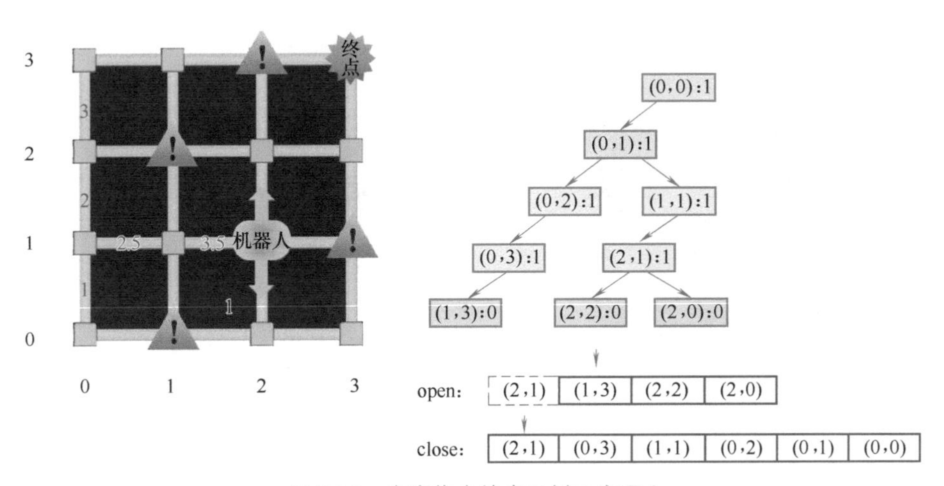

图 9-15　广度优先搜索示例示意图 6

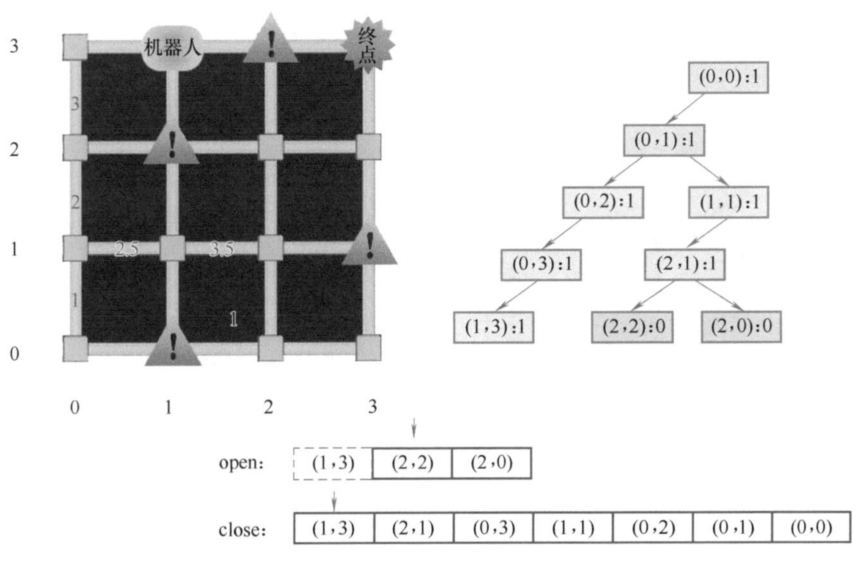

图 9-16　广度优先搜索示例示意图 7

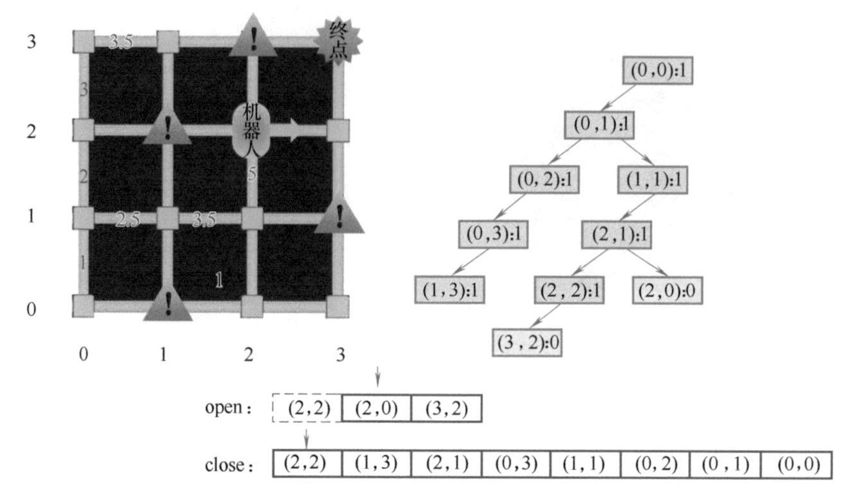

图 9-17　广度优先搜索示例示意图 8

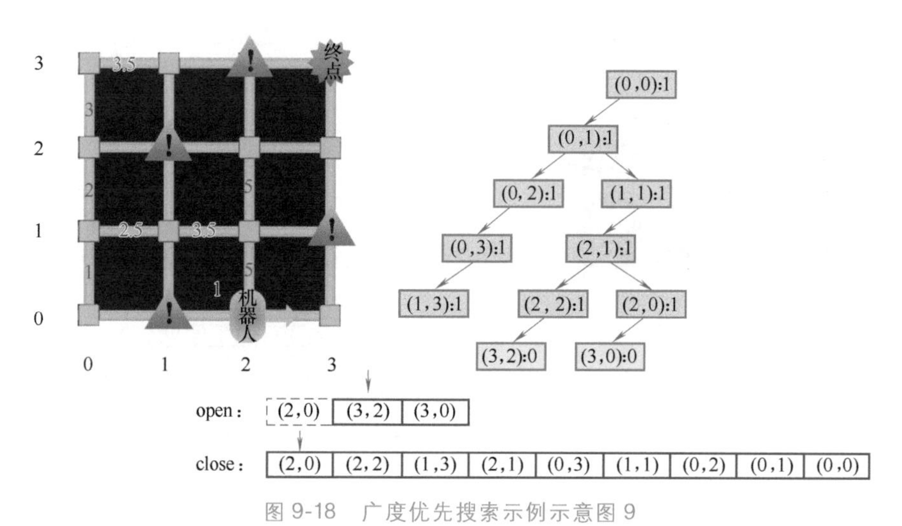

图 9-18　广度优先搜索示例示意图 9

终点
6.5 机器人
3.5
3
2
2.5
3.5
5
1
1
5
0
1
2
3
(0,0):1
(0,1):1
(0,2):1
(1,1):1
(0,3):1
(2,1):1
(1,3):1
(2,2):1
(2,0):1
(3,2):1
(3,0):0
(3,3):0
open:
(3,2)
(3,0)
(3,3)
close:
(3,2)
(2,2)
(1,3)
(2,1)
(0,3)
(1,1)
(0,2)
(0,1)
(0,0)

图 9-19　广度优先搜索示例示意图 10

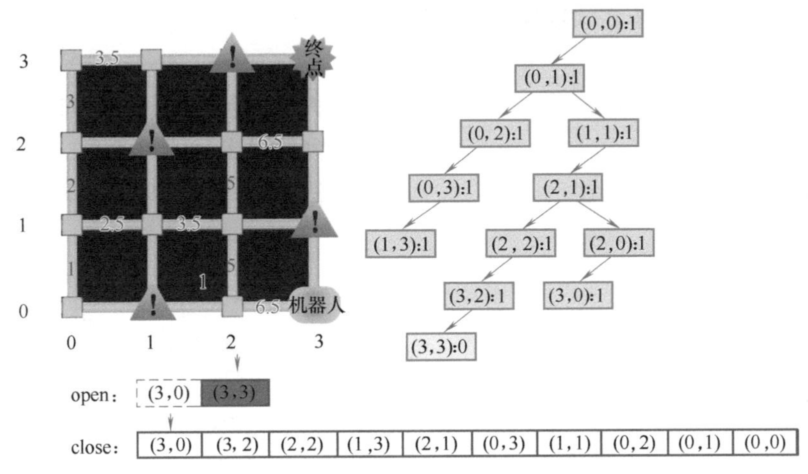

图 9-20　广度优先搜索示例示意图 11

第 11 步：搜索终点坐标（3，3），停止搜索。根据起点到终点的移动数值，从终点到起点反推出最短路径，搜索过程与搜索结果如图 9-21、图 9-22 所示。

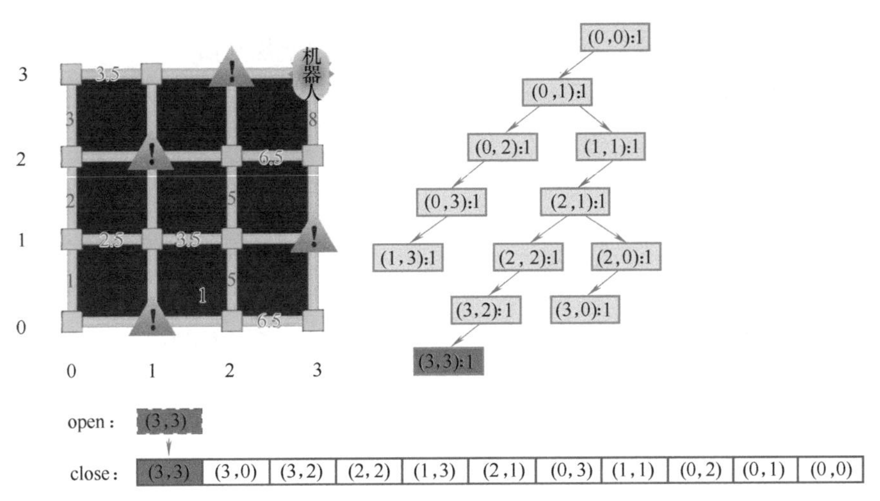

图 9-21　广度优先搜索示例示意图 12

从终点到起点根据移动数值反推：8→6.5→5→3.5→2.5→1。

最终，从起点到终点的最短路径坐标顺序：(0,0)→(0,1)→(1,1)→(2,1)→(2,2)→(3,2)→(3,3)。

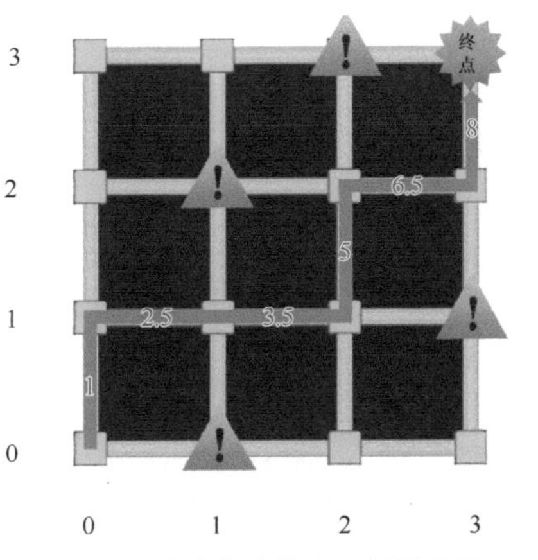

图 9-22　广度优先搜索示例结果图

二、深度优先搜索算法

深度优先搜索算法（DFS）是与广度优先搜索算法具有同等地位的另一种盲目搜索算法。俗话说："不撞南墙不回头"，深度优先搜索算法的搜索方式与此类似，一条路走到底。在实际应用中，深度优先搜索算法更适合机器人对于未知领域的探索任务。

1. 算法原理

深度优先搜索算法的原理：在一条路上一直走下去，如果遇到分岔路口，就任意选择其中一条路继续走下去，如果走到头，就返回上一个分岔路口走另外一条路，然后再一直走下去，直到搜索完全地图后停止搜索。深度优先搜索算法示意图如图 9-23 所示。

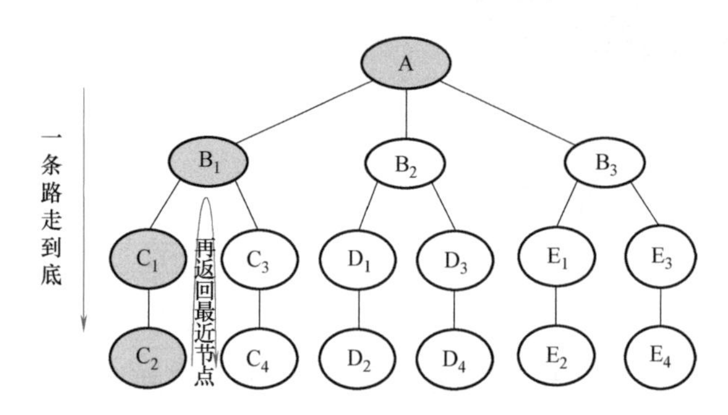

图 9-23　深度优先搜索算法示意图

深度优先搜索算法用到计算机程序中的递归思想，搜索规则如下：

1）访问指定的根节点 A，发现有三条分支路线，如图 9-24 所示。

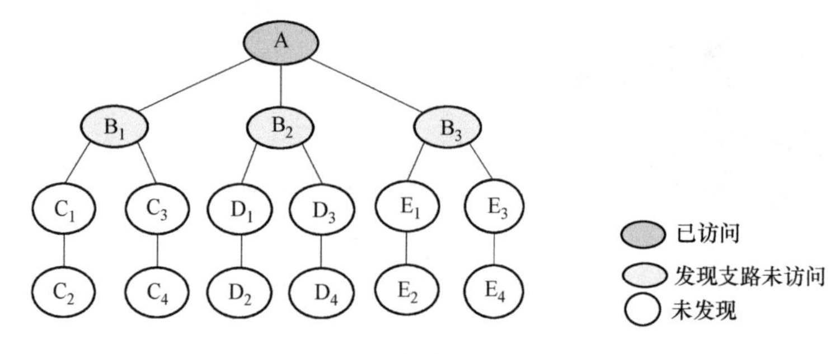

图 9-24　从根节点开始访问

2）随机选择一个节点（B_1）访问，发现有两条分支线路，如图 9-25 所示。

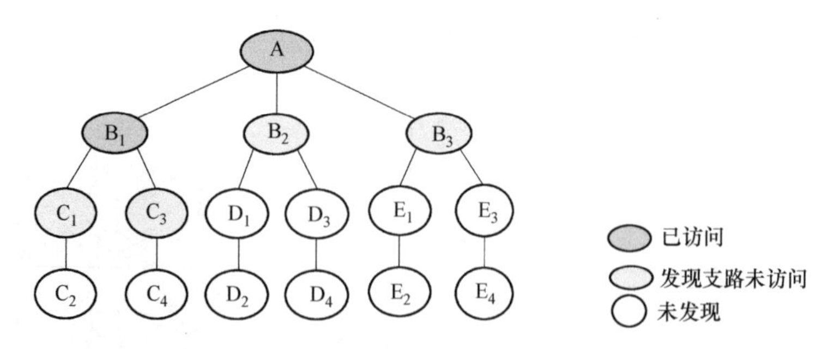

图 9-25　随机选择一个支路节点进行访问

3）随机选择一个节点（C_1）访问，发现有一条线路，继续访问节点（C_2），发现没有路线，如图 9-26 所示。

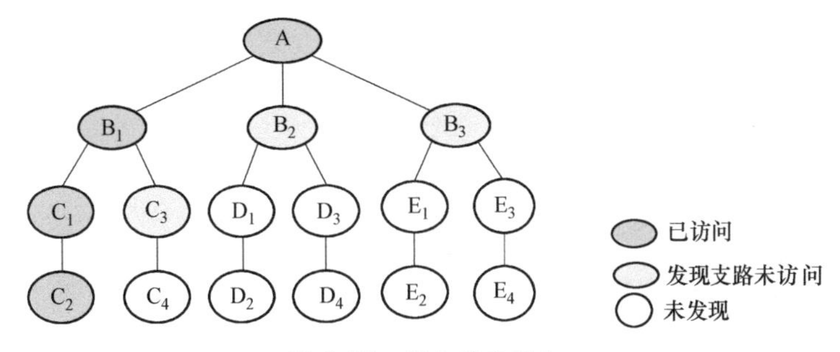

图 9-26 将支线走到头

4）返回最近的有分支线路的节点（B_1）继续访问另外一条线路的节点（C_3），如图 9-27 所示。

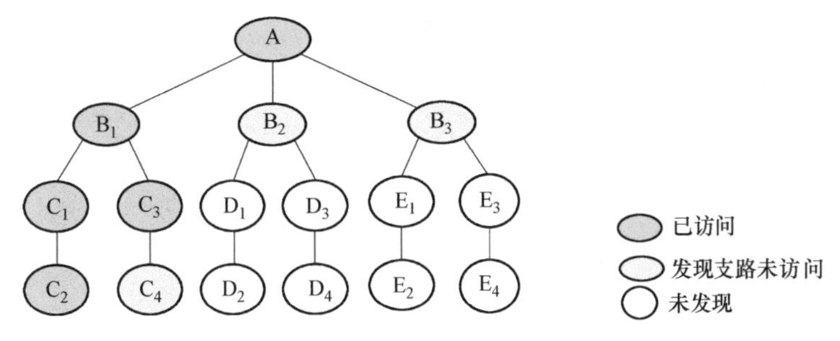

图 9-27 返回最近的多支线节点悬着的另外一条线路

5）当该路线访问完毕，如图 9-28 所示。没有分支线路，重复上一步，直到与根节点相通的全部节点都访问完毕，结束搜索。这一重复搜索过程如图 9-29～图 9-34 所示，即可完成所有路线的搜索任务。

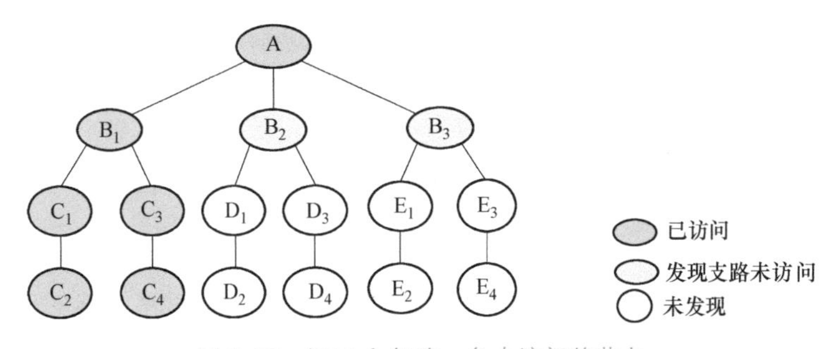

图 9-28 返回 A 任选一条未访问的节点

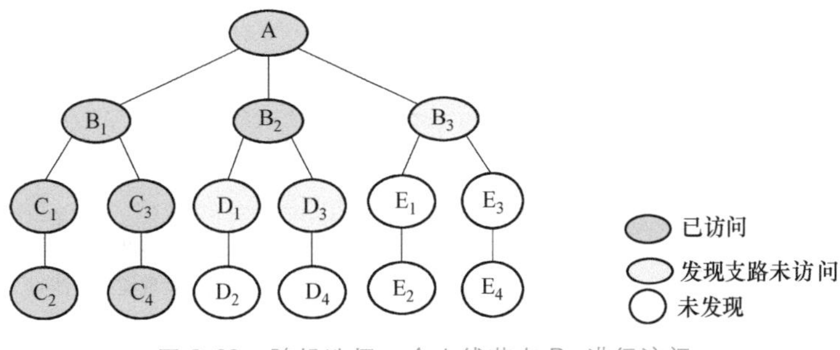

图 9-29 随机选择一个支线节点 B_2 进行访问

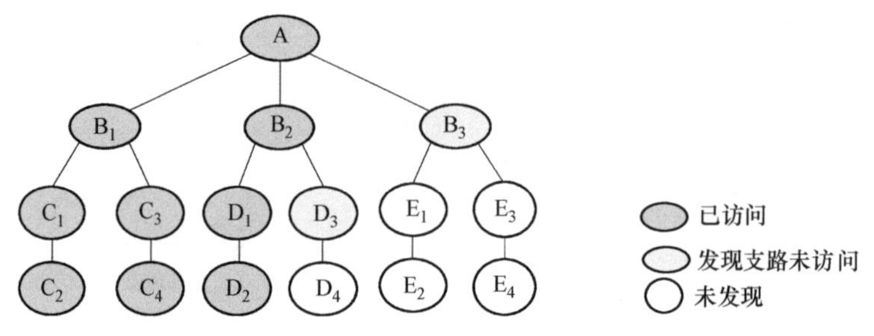

图 9-30 随机选择一个支线节点 D_1 进行访问，并访问到头

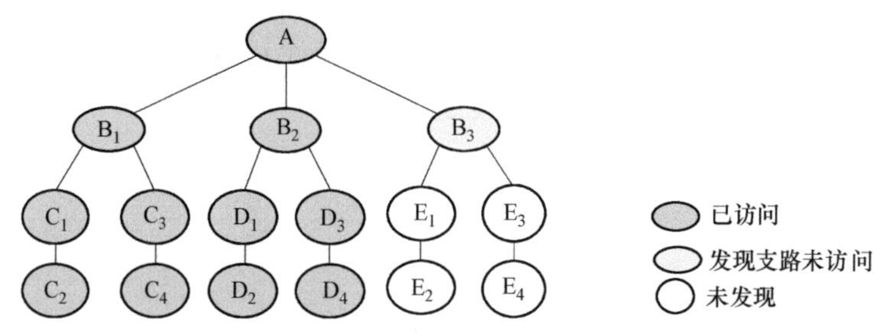

图 9-31 返回最近的还有未访问支线的节点并选择另一条支线访问 1

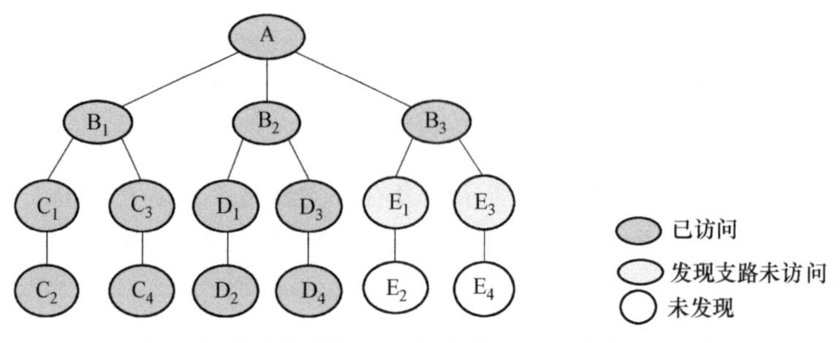

图 9-32 返回根节点并选择另一条未访问的支线节点 B_3 进行访问

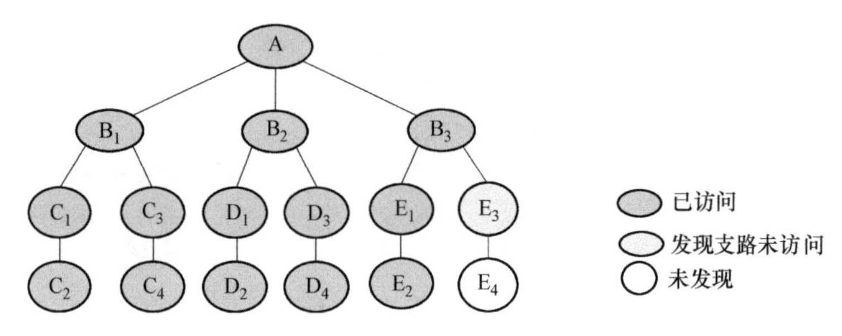

图 9-33 随机选择一条支线节点 E_1 进行访问，并访问到头

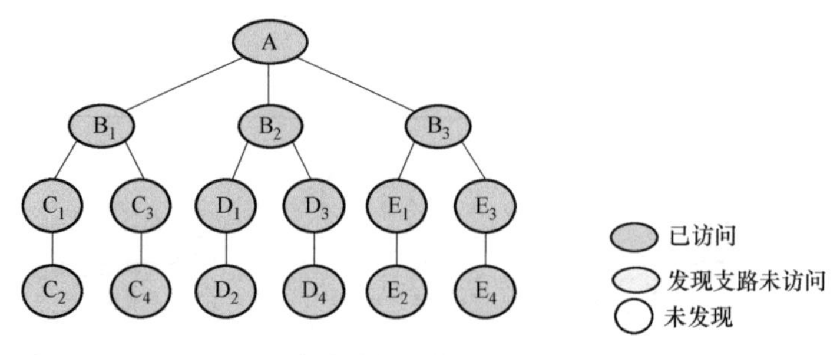

图 9-34 返回最近的还有未访问支线的节点并选择另一条支线访问 2

2. 算法实例

同样映射到一个 4×4 尺寸的地图环境中，演示 DFS 算法的逐步行进过程。假设机器人存在多个前进方向时的优先顺序为：右>上>左>下（绝对方向），用 0 和 1 分别表示坐标是否返回节点，所有坐标的标志位事先初始化为 0，表示未访问过或存在未访问相邻坐标。

第 1 步：将（0，0）作为根节点，机器人从（0，0）开始访问，发现有相邻的节点（0，1），将相邻节点（0，1）添加到子节点中，如图 9-35 所示。

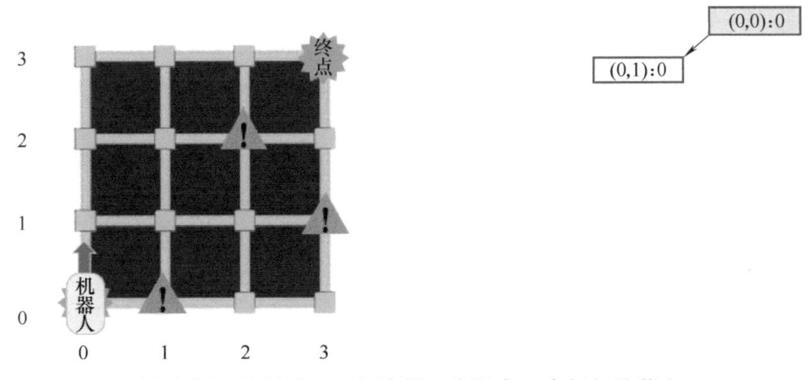

图 9-35　从根节点开始访问，发现有一个相邻的节点

第 2 步：机器人向前移动，访问坐标节点（0，1），发现有两个相邻的节点（0，2）和（1，1），将（0，2）和（1，1）添加到（0，1）子节点中，如图 9-36 所示。

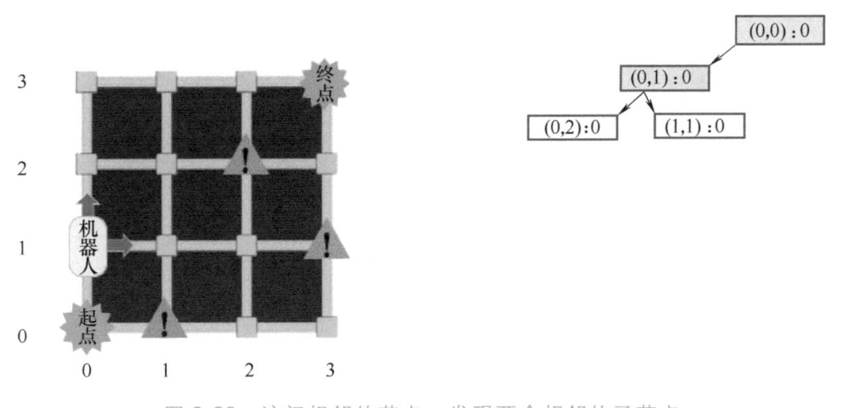

图 9-36　访问相邻的节点，发现两个相邻的子节点

第 3 步：依照绝对方向的优先顺序，机器人转弯向右移动，访问坐标节点（1，1），发现有两个相邻的节点（1，2）和（2，1），将（1，2）和（2，1）添加到（1，1）的子节点中，如图 9-37 所示。

第 4 步：依照绝对方向的优先顺序，机器人继续向右移动，访问坐标节点（2，1），发现有一个相邻的节点（2，0），将（2，0）添加到（2，1）的子节点中，如图 9-38 所示。

第 5 步：机器人转弯向右移动，访问坐标节点（2，0），发现有一个相邻的节点（3，0），将（3，0）添加到（2，0）的子节点中，如图 9-39 所示。

第 6 步：机器人转弯向右移动，访问坐标节点（3，0），未发现相邻的节点，标记位置，如图 9-40 所示。

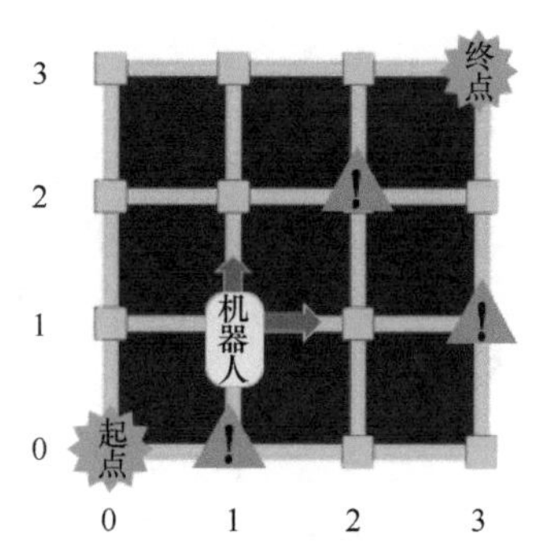

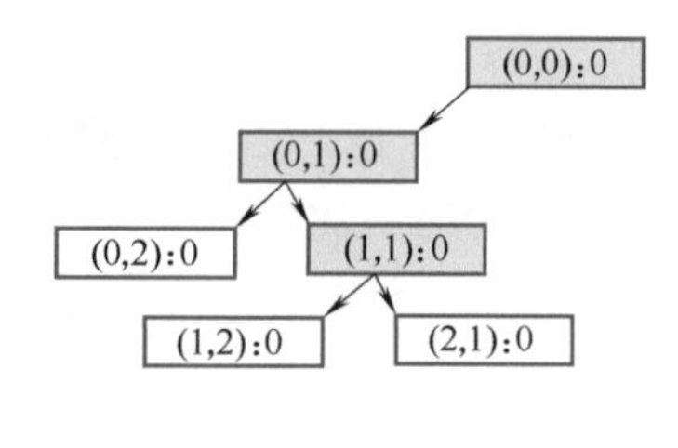

图 9-37 依照绝对方向的优先顺序选择子节点，发现两个相邻子节点

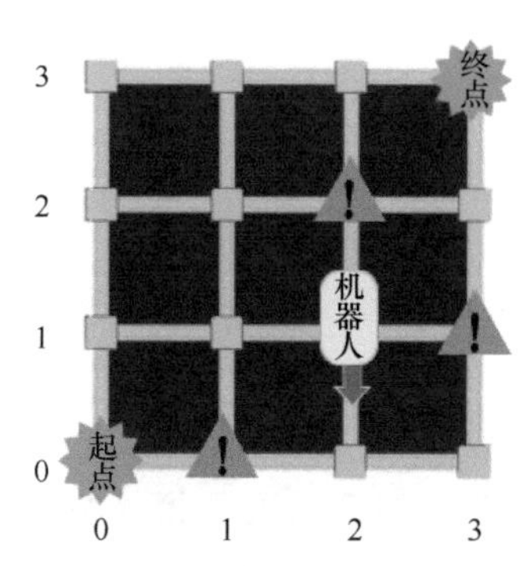

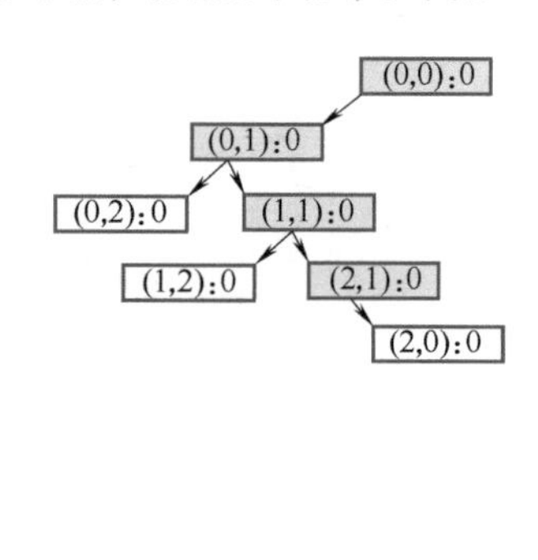

图 9-38 依照绝对方向的优先顺序访问子节点，发现一个相邻的子节点

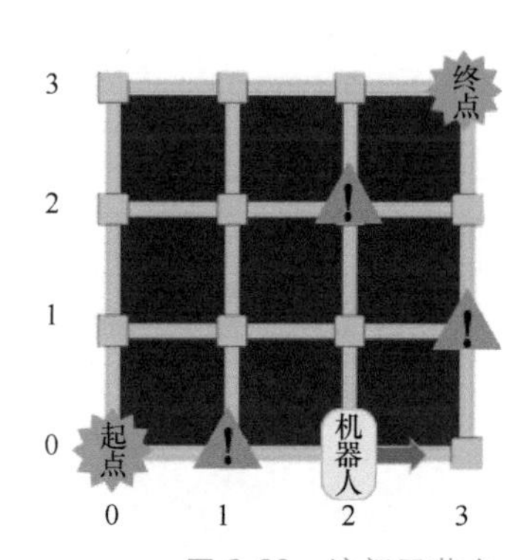

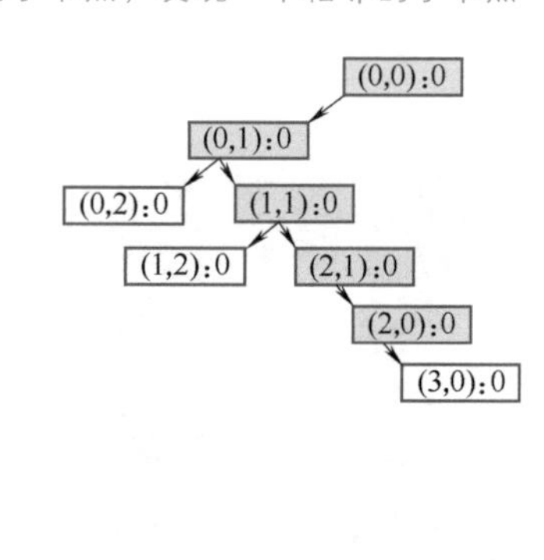

图 9-39 访问子节点，发现有一个未访问的相邻节点

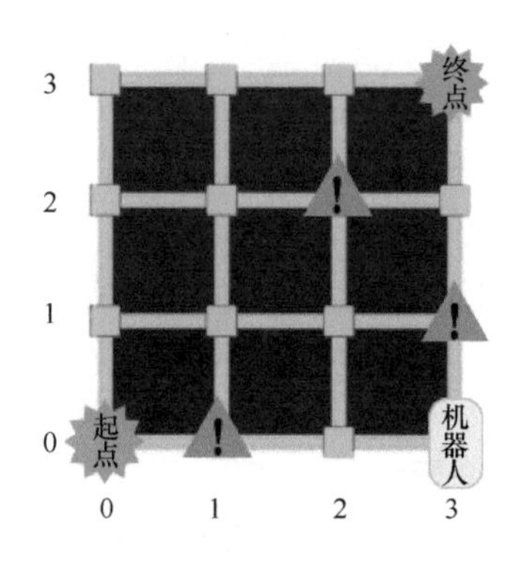

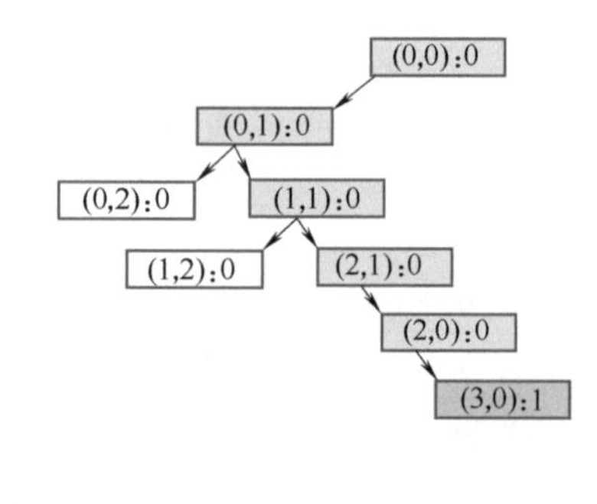

图 9-40 访问子节点，发现没有未访问的子节点，标记位置

第 7 步：机器人掉头向左移动，返回上一坐标节点（2，0），未发现未访问的相邻节点，标记位置，如图 9-41 所示。

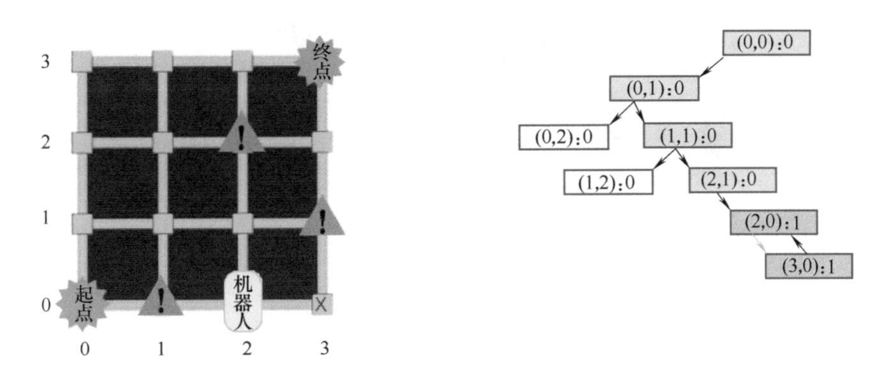

图 9-41 返回上一坐标节点（2，0），未发现相邻节点，标记位置

第 8 步：机器人转弯向上移动，返回上一坐标节点（2，1），未发现未访问的相邻节点，标记位置，如图 9-42 所示。

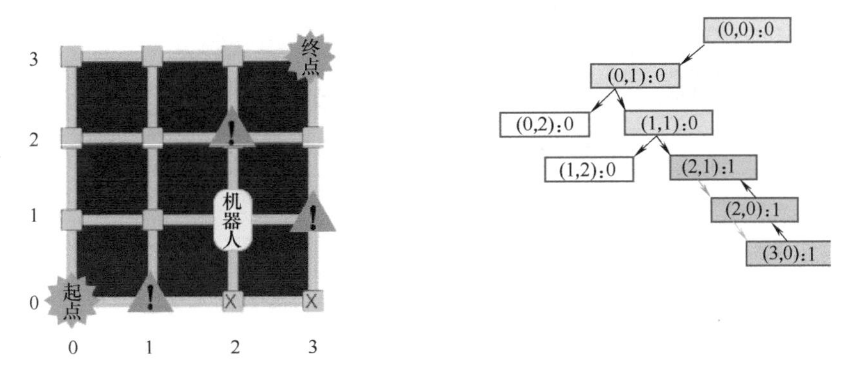

图 9-42 返回上一坐标节点（2，1），未发现未访问的相邻节点，标记位置

第 9 步：机器人转弯向左移动，返回上一坐标节点（1，1），还有一个相邻节点未访问，不做操作，如图 9-43 所示。

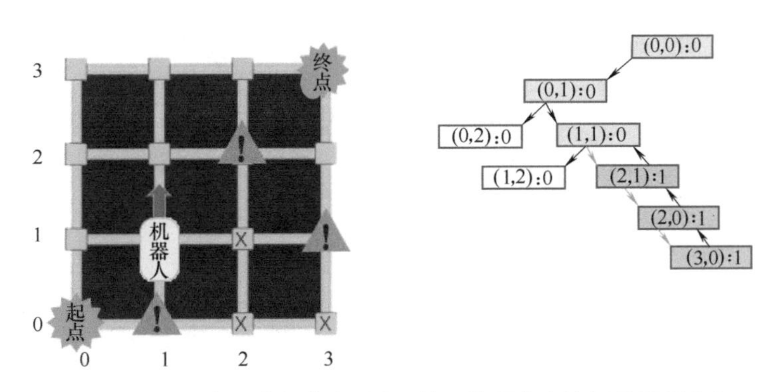

图 9-43 返回上一坐标节点（1，1），发现有未访问的相邻节点

第 10 步：机器人转弯向上移动，访问坐标节点（1，2），发现有两个相邻的节点（1，

3）和（0，2），将（1，3）和（0，2）添加到（1，2）的子节点中，如图 9-44 所示。

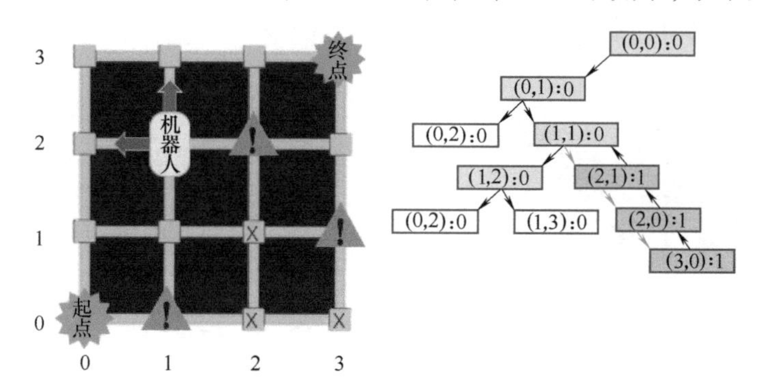

图 9-44　选择未访问的相邻子节点，发现有两个相邻子节点

第 11 步：依照绝对方向的优先顺序，机器人向上移动，访问坐标节点（1，3），发现有两个相邻的节点（0，3）和（2，3），将（0，3）和（2，3）添加到（1，3）的子节点中，如图 9-45 所示。

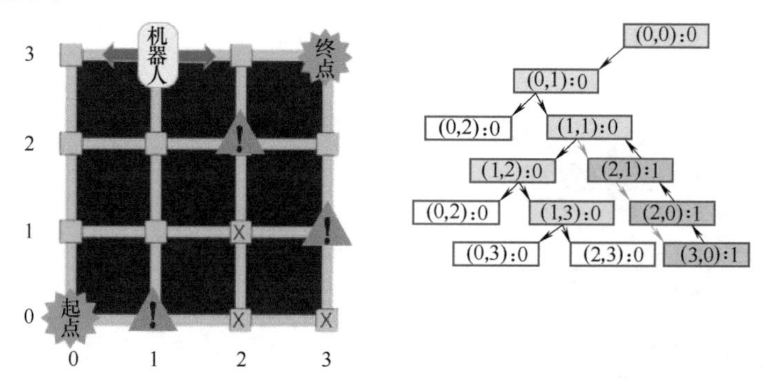

图 9-45　任意选择一个相邻子节点进行访问，发现两个相邻子节点

第 12 步：依照绝对方向的优先顺序，机器人转弯向右移动，访问坐标节点（2，3），发现有一个相邻的节点（3，3），将（3，3）添加到（2，3）的子节点中，如图 9-46 所示。

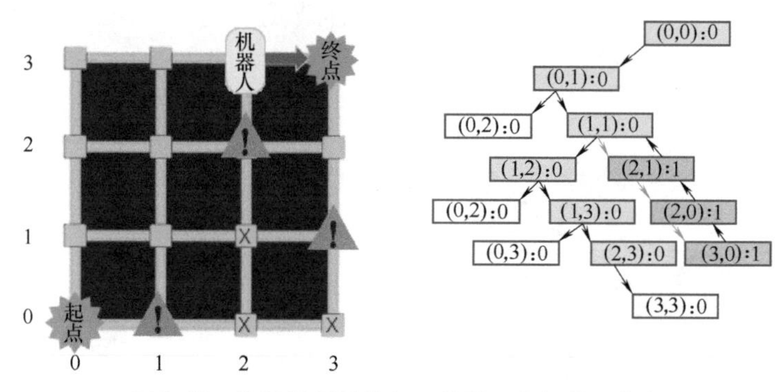

图 9-46　访问相邻子节点，发现一个相邻子节点

第 13 步：机器人继续向右移动，访问坐标节点（3，3），找到终点，标记位置，如图 9-47 所示。

若只是为了求取一条起点到终点的可行路径，程序到此即结束。从终点开始反向记录机

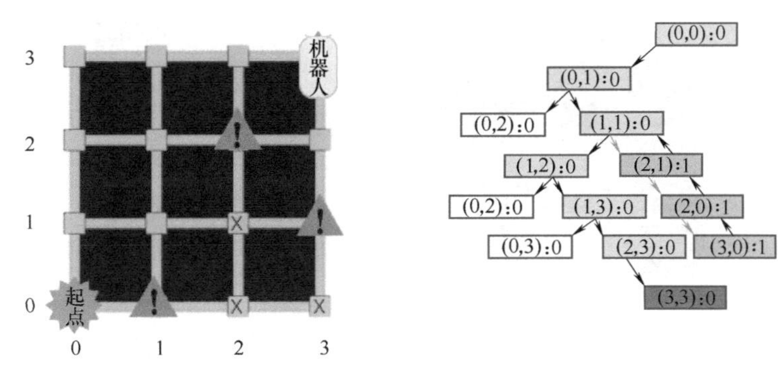

图 9-47　访问相邻子节点，标记终点位置

器人的移动步数，直到到达起点的位置，就会得出一条从终点到起点的路径，求解起点到终点的可行性路线，如图 9-48 所示。

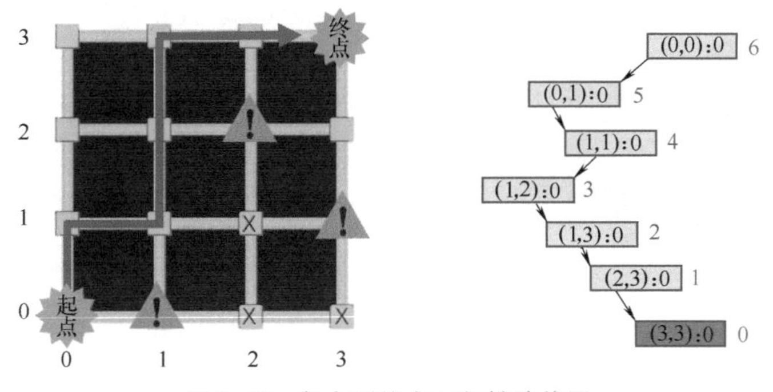

图 9-48　起点到终点可行性路线图

从（3，3）开始找其上一节点直至根节点（0，0），可以得到一个可行解：(3,3)←(2,3)←(1,3)←(1,2)←(1,1)←(0,1)←(0,0)。

但如果要搜索全图确定全局最优解，程序需要继续执行：坐标（3，3）有未访问过的相邻节点，将（3，2）添加到（3，3）的子节点中，如图 9-49 所示。

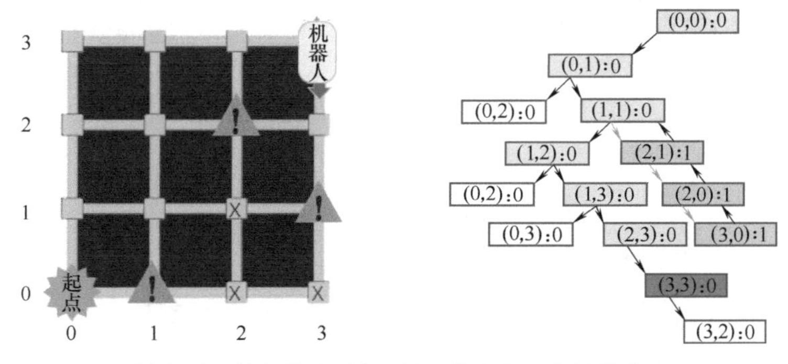

图 9-49　访问终点（3，3），发现有一个相邻节点

后续若干步骤同第 6~10 步的过程，最后所有可行的节点都被访问，标志位都被置 1，机器人也正好返回起点（0，0），全图搜索完成。对全图其余节点的搜索过程如图 9-50~图 9-62 所示，由此可知深度优先搜索算法的搜索路径。

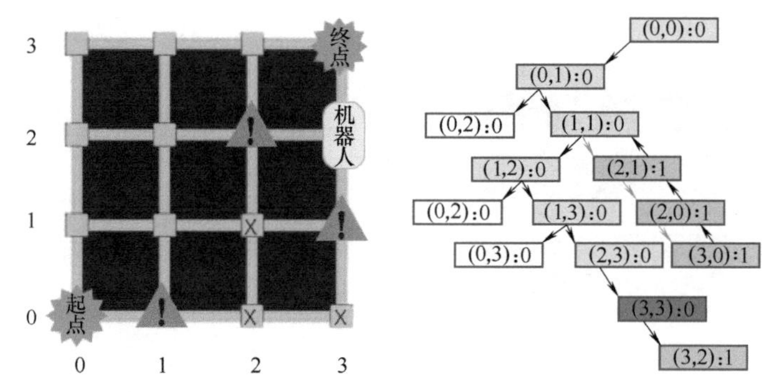

图 9-50　访问子节点（3，2），未发现相邻节点，标记位置

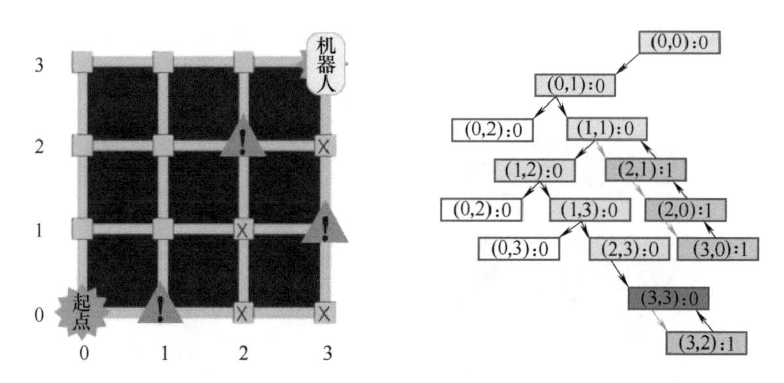

图 9-51　返回上一节点（3，3），未发现相邻节点，不做任何操作（终点位置已标记）

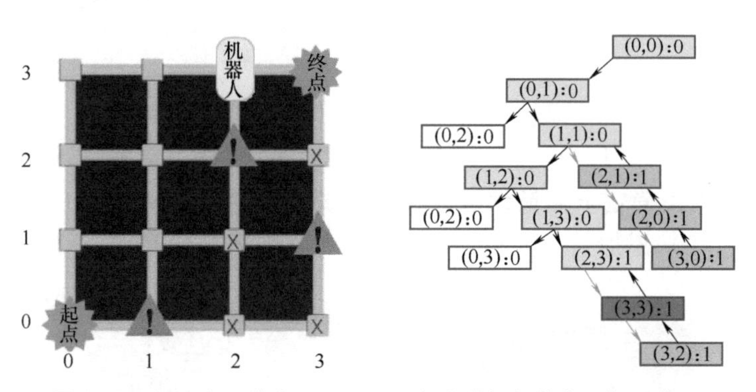

图 9-52　返回上一节点（2，3），未发现相邻节点，标记位置

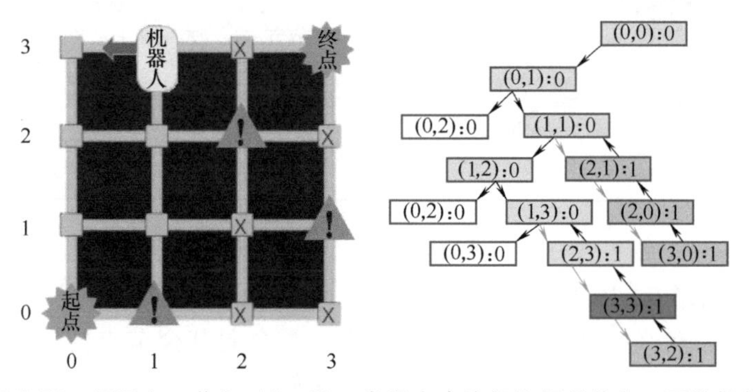

图 9-53　返回上一节点（1，3），发现有未访问的相邻节点，不做操作

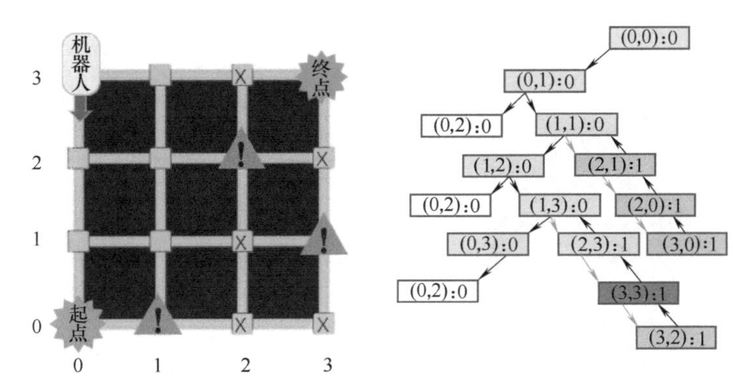

图 9-54 访问相邻节点（0，3），发现有相邻节点

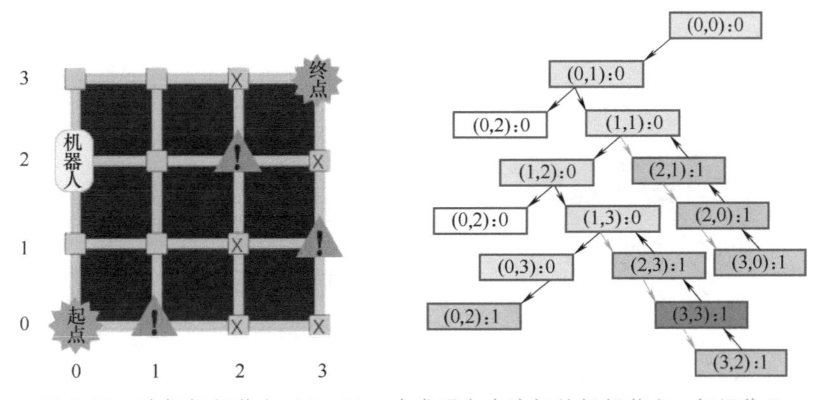

图 9-55 访问相邻节点（0，2），未发现有未访问的相邻节点，标记位置

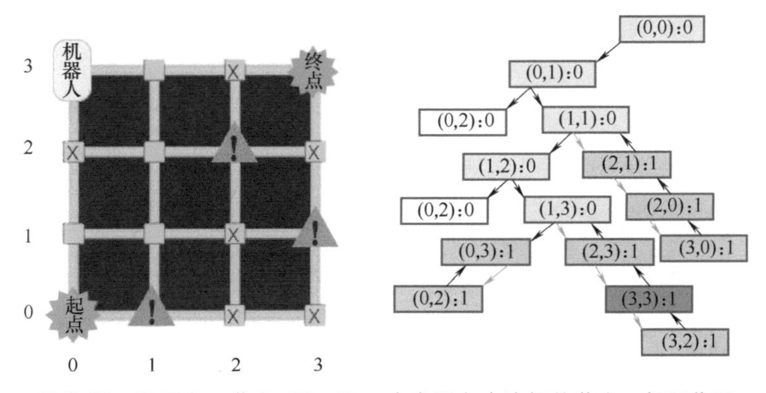

图 9-56 返回上一节点（0，3），未发现有未访问的节点，标记位置

当回到终点后，全图已经搜索完毕，接下来从终点开始反推到起点的步数，如图 9-62 所示。

三、A* 算法

由前两节的学习可以得出结论，深度优先搜索算法可以快速搜索到一条能到达目的地的路径，但是无法保证得到的这一条路径是最短路径；广度优先搜索算法可以保证搜索到一条最短路径，但搜索所用的时间会比较长。

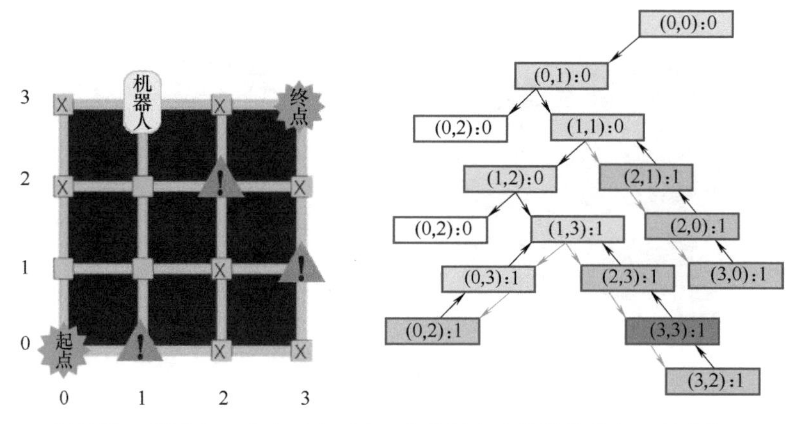

图 9-57 返回上一节点（1，3），未发现有未访问的节点，标记位置

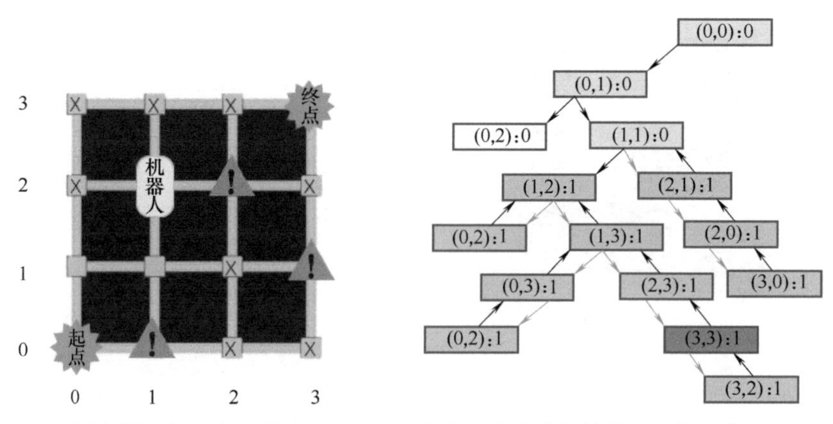

图 9-58 返回上一节点（1，2），未发现有未访问的节点，标记位置

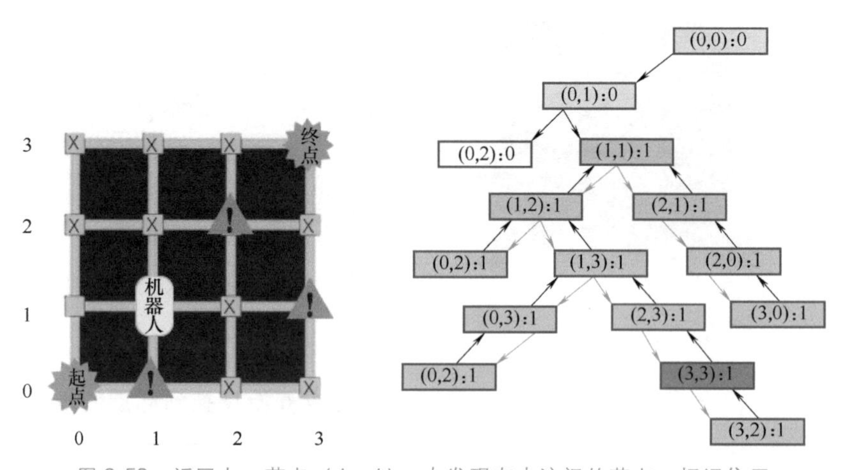

图 9-59 返回上一节点（1，1），未发现有未访问的节点，标记位置

A* （A-Star）算法结合了 DFS 算法和 BFS 算法的优点，是**静态网络求解最短路径**最有效的直接搜索算法。可以说 DFS 是 A* 算法效率最低的一个特例，BFS 是依次展开每一层坐标（或者说是等高图中同一数值的坐标）进行搜索。如果对于每层坐标只选定一个方向去搜索它的下一层坐标，而非依次搜索所有可到达的下一层坐标的话，就可以大大节省计算时

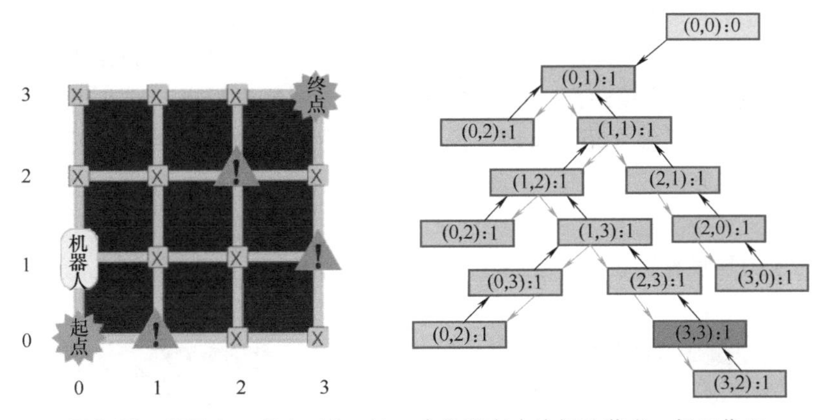

图 9-60 返回上一节点（0，1），未发现有未访问的节点，标记位置

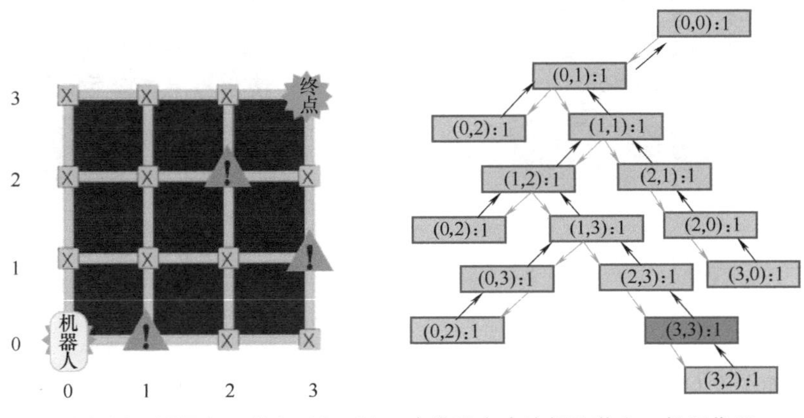

图 9-61 返回上一节点（0，0），未发现有未访问的节点，标记位置

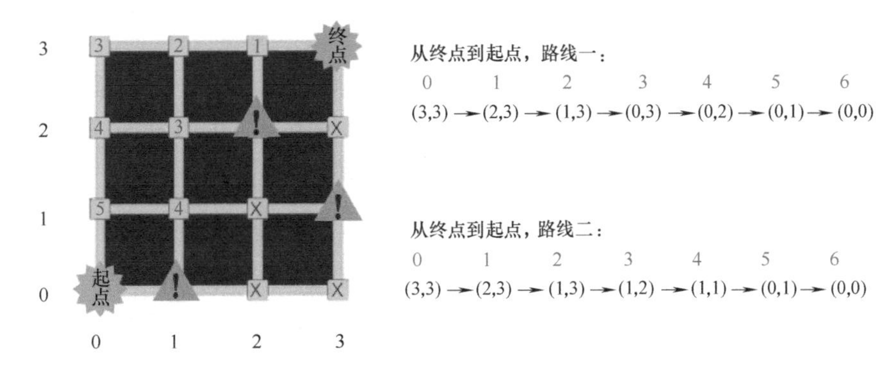

图 9-62 从终点到起点反推路线

间。A* 算法也是许多其他问题的常用启发式算法。

1. 算法原理

A* 算法给出了一种估值函数，给每个坐标附上一个估值函数，用于下一步被访问坐标的价值。估值函数为

$$F(n)=G(n)+H(n)$$

式中，$G(n)$ 为从起点坐标到节点坐标的距离；$H(n)$ 为从该节点坐标到终点坐标的曼

哈顿距离；$F(n)$ 为从起点坐标经由节点坐标到终点坐标的最小代价估计。

无论地图信息未知还是已知，终点坐标总是可以确定的，由此可以采取多种方法来拟定估计值 $H(n)$，如采用曼哈顿距离（城市街区距离）、对角线距离、欧几里得距离、平方后欧式距离等，这里不做详细介绍。总地来说，就是利用终点坐标和当前坐标的差距拟合出终点距离当前点的偏好方向。

2. 算法实例

以 5×5 的地图环境作为范例，坐标（0，0）为起点，（4，4）为终点，如图 9-63 所示。

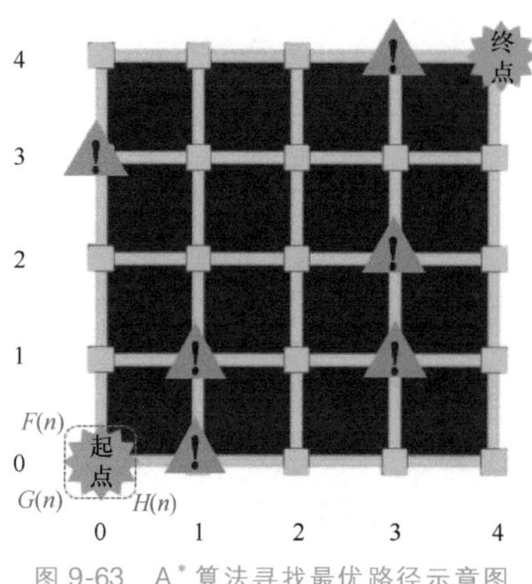

图 9-63 A* 算法寻找最优路径示意图

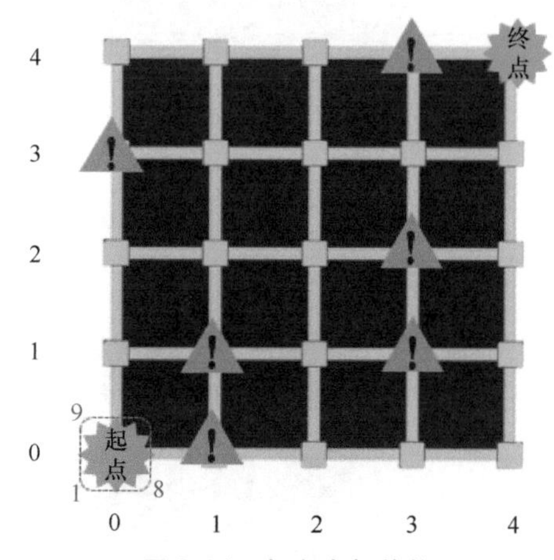

图 9-64 起点坐标估值

计算步骤如下：

第 1 步：如图 9-64 所示，当机器人位于坐标（0，0）时，计算起点坐标的估值，即将该坐标距离起点的距离记为 $G(0，0)=1$，计算起点（0，0）与终点（4，4）的曼哈顿距离为 $H(0，0)=|0-4|+|0-4|=8$，则其估值函数为

$$F(0,0)=G(0,0)+H(0,0)=1+8=9$$

第 2 步：如图 9-65 所示，可移动的方向仅有绝对向上的方向（以下描述均为绝对方向），机器人向上移动 1 步，$G(0，1)=G(0，0)+1$，计算节点（0，1）与终点（4，4）的曼哈顿距离为 $H(0，1)=|0-4|+|1-4|=7$，则其估值函数为

$$F(0,1)=G(0,1)+H(0,1)=(G(0,0)+1)+7=9$$

第 3 步：如图 9-66 所示，可移动的方向仅有绝对向上的方向，机器人向上移动 1 步，$G(0，2)=G(0，1)+1$，计算节点（0，2）与终点（4，4）的曼哈顿距离为 $H(0，2)=|0-4|+|2-4|=6$，则其估值函数为

$$F(0,2)=G(0,2)+H(0,2)=(G(0,1)+1)+6=9$$

第 4 步：如图 9-67 所示，可移动的方向仅有绝对向右的方向，机器人向右移动 1 步，$G(1，2)=G(0，2)+1$，计算节点（1，2）与终点（4，4）的曼哈顿距离为 $H(1，2)=|1-4|+|2-4|=5$，其估值函数为

$$F(1,2)=G(1,2)+H(1,2)=(G(0,2)+1)+5=9$$

第 5 步：如图 9-68 所示，可移动方向有上和右两个方向，分别是节点（1，3）和节点（2，2），需要同时计算节点（1，3）和节点（2，2）的估值函数。

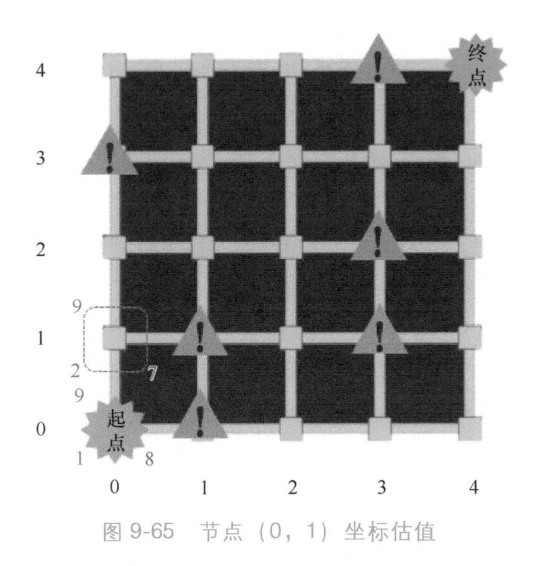

图 9-65　节点（0，1）坐标估值

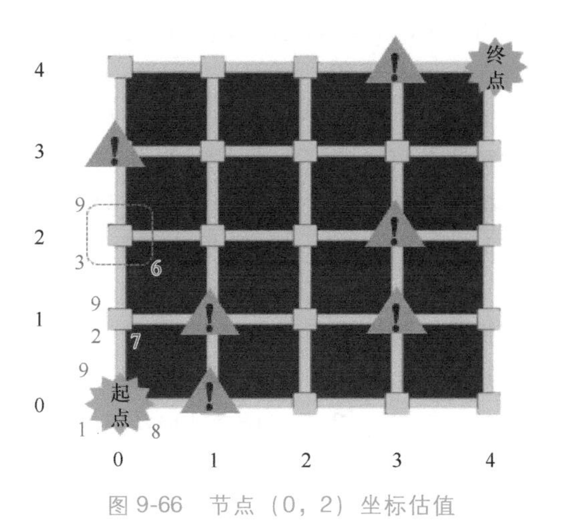

图 9-66　节点（0，2）坐标估值

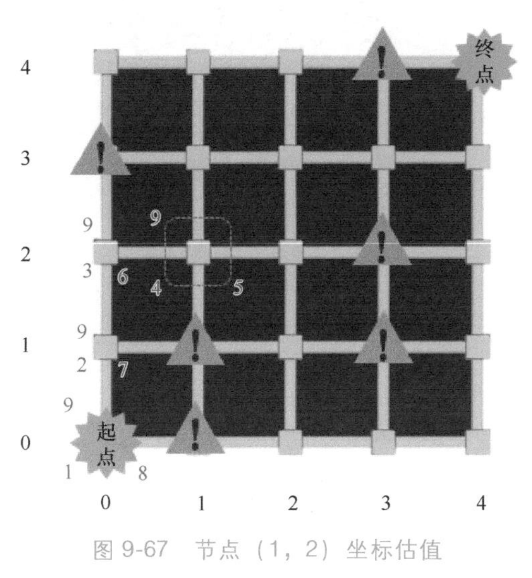

图 9-67　节点（1，2）坐标估值

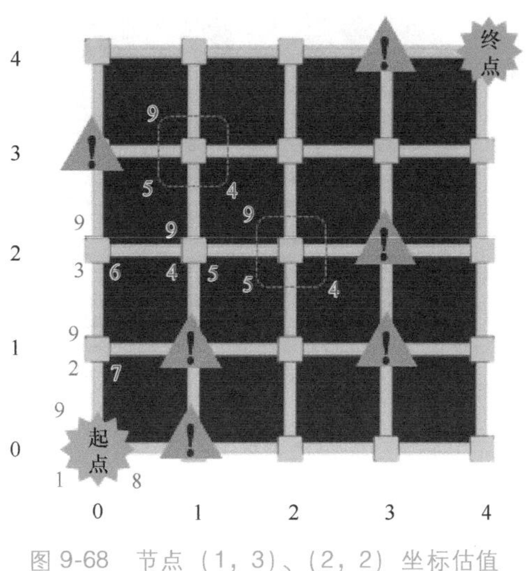

图 9-68　节点（1，3）、（2，2）坐标估值

机器人向右移动 1 步，$G(2,\ 2)=G(1,\ 2)+1$，计算节点（2，2）与终点（4，4）的曼哈顿距离为 $H(2,\ 2)=|2-4|+|2-4|=4$，其估值函数为

$$F(2,2)=G(2,2)+H(2,2)=(G(1,2)+1)+4=9$$

机器人先转弯然后向上移动 1 步，$G(1,\ 3)=G(1,\ 2)+1$，计算节点（1，3）与终点（4，4）的曼哈顿距离为 $H(1,\ 3)=|1-4|+|3-4|=4$，其估值函数为

$$F(1,3)=G(1,3)+H(1,3)=(G(1,2)+1)+4=9$$

在实际应用时可以引入转弯参数 $t(n)$，使得

$$H(n)=\text{终点与当前位置的曼哈顿距离}+t(n)$$

由于向上移动需要先转弯再移动，所以需要增加转向 t，假设转向权值为 0.3，重新计算坐标（1，3）的估值函数。

机器人先转弯然后向上移动 1 步，$G(1,\ 3)=G(1,\ 2)+1$，计算节点（1，3）与终点（4，4）的曼哈顿距离为 $H(1,\ 3)=|1-4|+|3-4|=4$，其估值函数为

$$F(1,3)=G(1,3)+H(1,3)+t(1,3)=(G(1,2)+1)+1+4+0.3=9.3$$

因为 $F(1,3)>F(2,2)$，即向上走比向右走要付出更大的代价，所以机器人优先选择向右走，如图 9-69 所示。

第 6 步：如图 9-70 所示，机器人向右移动 1 步，现有向上和向下两个方向可移动，需要计算节点（2，3）和节点（2，1）的估值函数。

机器人转弯向上移动 1 步，移动到节点（2，3），$G(2,3)=G(2,2)+1$；计算节点（2，3）与终点（4，4）的曼哈顿距离 $H(2,3)=2+1=3$，其估值函数为

$$F(2,3)=G(2,3)+H(2,3)+t(2,3)=(G(2,2)+1)+3+0.3=9.3$$

机器人转弯向下移动 1 步，移动到节点（2，1），$G(2,1)=G(2,2)+1$；计算节点（2，1）与终点（4，4）的曼哈顿距离 $H(2,1)=2+3=5$，其估值函数为

$$F(2,1)=G(2,1)+H(2,1)+t(2,1)=(G(2,2)+1)+5+0.3=11.3$$

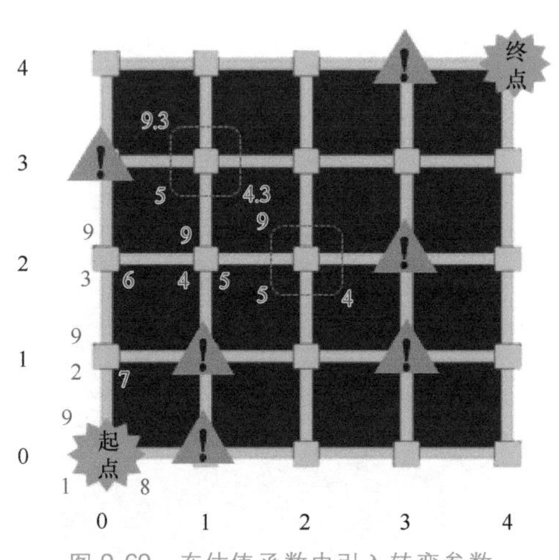

图 9-69　在估值函数中引入转弯参数

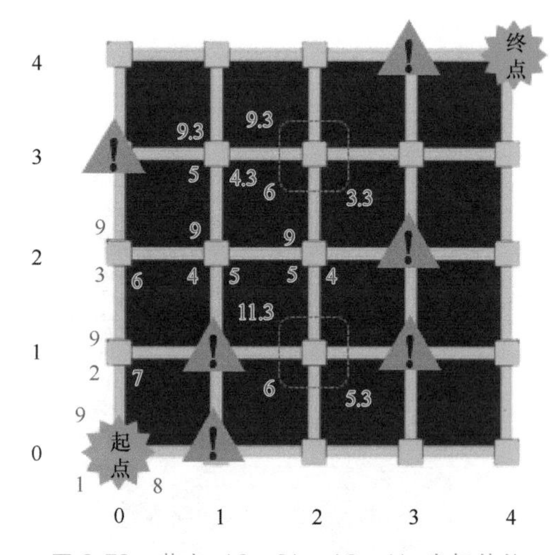

图 9-70　节点（2，3）、（2，1）坐标估值

第 7 步：如图 9-71 所示，继续计算未访问节点的估值函数，机器人优先向上移动 1 步，现有向上和向右两个方向可移动，需要计算节点（2，4）和节点（3，3）的估值函数。

机器人继续向上移动 1 步，$G(2,4)=G(2,3)+1$；计算节点（2，4）与终点（4，4）的曼哈顿距离 $H(2,4)=2+0=2$，其估值函数为

$$F(2,4)=G(2,4)+H(2,4)=(G(2,3)+1)+2=9$$

机器人转弯向右移动 1 步，$G(3,3)=G(2,3)+1$；计算节点（3，3）与终点（4，4）的曼哈顿距离 $H(3,3)=1+1=2$，其估值函数为

$$F(3,3)=G(3,3)+H(3,3)+t(3,3)=(G(2,3)+1)+2+0.3=9.3$$

第 8 步：如图 9-72 所示，机器人优先向上移动 1 步，发现去终点方向的道路有障碍物，无法通过，因此机器人回到之前的位置，向右移动 1 步，需要计算节点（4，3）的估值函数。

机器人继续向右移动 1 步，$G(4,3)=G(3,3)+1$；计算节点（4，3）与终点（4，4）的曼哈顿距离 $H(4,3)=0+1=1$，其估值函数为

$$F(4,3)=G(4,3)+H(4,3)=(G(3,3)+1)+1=9$$

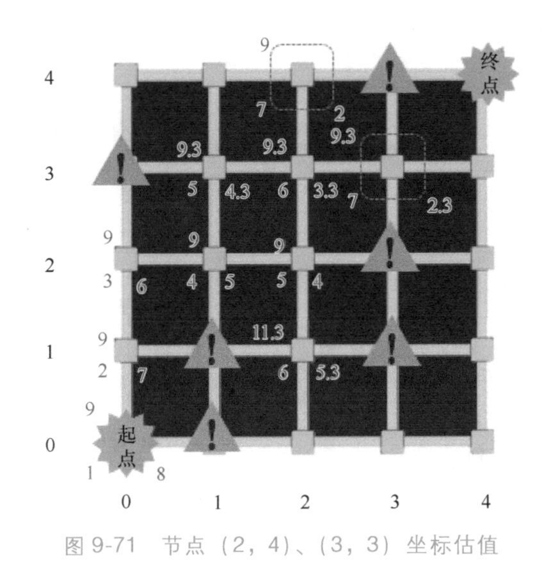

图 9-71 节点（2，4）、（3，3）坐标估值

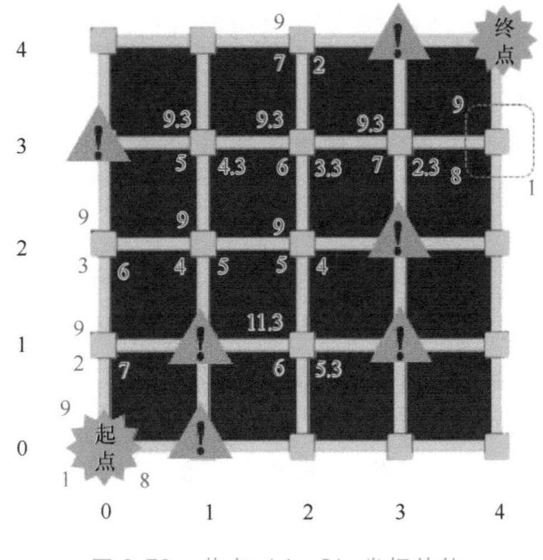

图 9-72 节点（4，3）坐标估值

第 9 步：如图 9-73 所示，现有向上和向下两个方向可移动，机器人向上移动 1 步，到达终点；根据计算得出的每个坐标的估值函数，从终点开始进行回溯，找到最短路径：

$$(4,4)\to(4,3)\to(3,3)\to(2,3)\to(2,2)\to(1,2)\to(0,2)\to(0,1)\to(0,0)$$

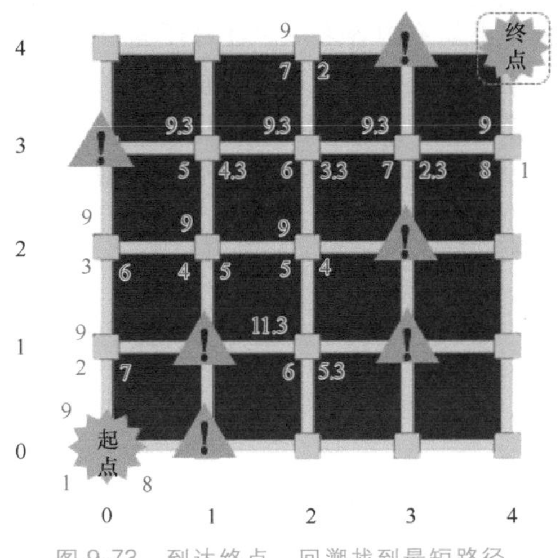

图 9-73 到达终点，回溯找到最短路径

阅读拓展

Dijkstra 算法

Dijkstra 算法使用了广度优先搜索解决赋权有向图或者无向图的单源最短路径问题，最终得到一个最短路径树。该算法常用于路由算法或者作为其他图算法的一个子模块。

Dijkstra 算法采用的是一种贪心的策略，声明一个数组 dis 来保存源点到各个顶点的最短距离和一个保存已经找到了最短路径的顶点的集合 T。

1）初始时，原点 s 的路径权重被赋为 0（$\text{dis}[s]=0$）。若对于顶点 s 存在能直接到达的边（s，m），则把 $\text{dis}[m]$ 设为 $w(s, m)$，同时把所有其他（s 不能直接到达的）顶点的路径长度设为无穷大。初始时，集合 T 只有顶点 s。

2）从 dis 数组选择最小值，则该值就是源点 s 到该值对应的顶点的最短路径，并且把该点加入 T 中，此时完成一个顶点。

3）判断新加入的顶点是否可以到达其他顶点并且通过该顶点到达其他点的路径长度是否比源点直接到达短，如果是，那么就替换这些顶点在 dis 中的值。

4）从 dis 中找出最小值，重复上述操作，直到 T 中包含了图的所有顶点。

Dijkstra 算法展示形式如图 9-74 所示。

图 9-74 Dijkstra 算法展示形式

总结与评价

路径规划是运动规划的主要研究内容之一。针对环境中的障碍物，路径规划可分为静态路径规划和动态路径规划。单机器人路径规划的搜索方式有两种，即盲目式搜索和启发式搜索。盲目式搜索包括两种搜索算法，启发式搜索包括一种搜索算法。

1. 结合自己对于单机器人路径规划的学习和理解，完成本章节的知识结构图。

2. 根据自己的知识掌握情况填写下表。

序号	学习内容	掌握情况
1	路径规划的定义	不了解　了解　理解
2	路径规划的分类	不了解　了解　理解
3	单机器人路径规划的两大搜索方式	不了解　了解　理解
4	三种搜索算法的原理	不了解　了解　理解
5	三种搜索算法的搜索方式	不了解　了解　理解

第10章 多机器人路径规划

CHAPTER 10

想一想：

当多个机器人同时进行工作时，会不会发生碰撞？如何进行多机器人的路径规划才能避免发生碰撞并且使其高效完成协作任务？

近年来，一些新的智能技术被引入路径规划中，促进了各方面的融合发展。移动机器人在已知环境存在未知动态障碍物的规划问题，智能技术的使用较大地提高了路径规划的效率。多机器人路径规划技术的研究已经取得了丰硕的成果。

第1节 多机器人路径规划简介

多移动机器人协同路径规划解决的场景问题是在同一工作环境下，存在着同一时间多个同时作业的移动机器人，要保证机器人彼此之间在任意时刻都保持安全距离，不发生碰撞。在机器人与工作环境中的障碍物不发生碰撞的条件下，需要在起点与终点之间合理规划出每个机器人的最优无碰撞、无障碍的安全路径。

求解多移动机器人协同路径规划问题主要涉及四个方面，分别是环境建模、碰撞预测、启发式规则设计、路径规划算法等。环境建模是将移动机器人的工作环境以数据的形式上传到计算机中，并将环境信息准确地呈现出来。碰撞预测是指判断机器人与环境中的障碍物或两机器人之间，是否会发生碰撞以及确定碰撞发生时机器人所处的位置。启发式规则设计是指如何更好地消解移动机器人间的碰撞冲突，实现多移动机器人协同作业。路径规划算法是指如何在当前工作环境中依据路径规划的相应要求快速地为移动机器人寻找到可避碰避障的最优或较优的可行路径。

一、应用场景

多移动机器人在二维平面环境 G 中运行，环境中存在着若干静态障碍物，且位置信息已知。设 $SO=\{SO_1, SO_2, \cdots, SO_m\}$ 表示环境 G 中的 m 个静态的障碍物集合，$R=\{R_1, R_2\}$ 表示环境 G 中有两个移动机器人。机器人 R_1、R_2 的起点位置和目标点位置已知，起点

位置是 S_1、S_2，目标点位置是 E_1 和 E_2。多移动机器人协同路径规划问题要求在环境约束下，对作业中的各机器人 R_i 在 S_i 到 E_i 之间规划出一条最优的无碰撞、无障碍路径，如图 10-1 所示。

二、常见冲突

多机器人系统中存在多个机器人，且各机器人都有自己的目标点，在按原始规划的路径运行时极易发生碰撞冲突。在该情形下，路径规划不仅要考虑避障问题，还要考虑机器人间的避碰问题。因此，多机器人协同路径规划问题的复杂度远高于单机器人全局路径规划问题。

多机器人在运行时常见的冲突有以下几种：

1）在地图环境 G 中，假设在 t 时刻、t+1 时刻机器人 R_1 和机器人 R_2 的路径点重合，则会出现两个机器人在取货过程中面对面发生碰撞，如图 10-2 所示。

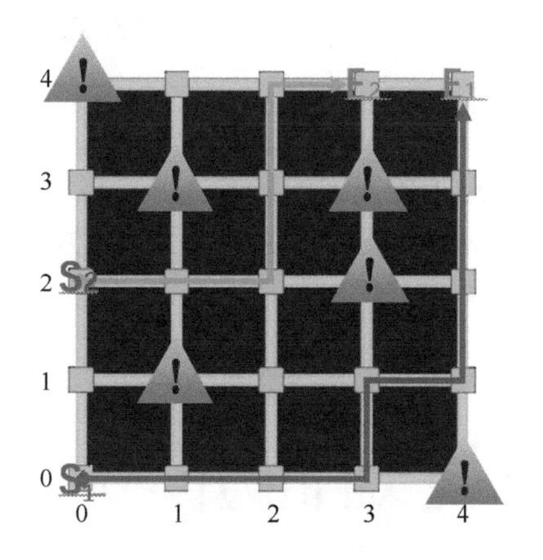

图 10-1　多机器人路径规划示意图

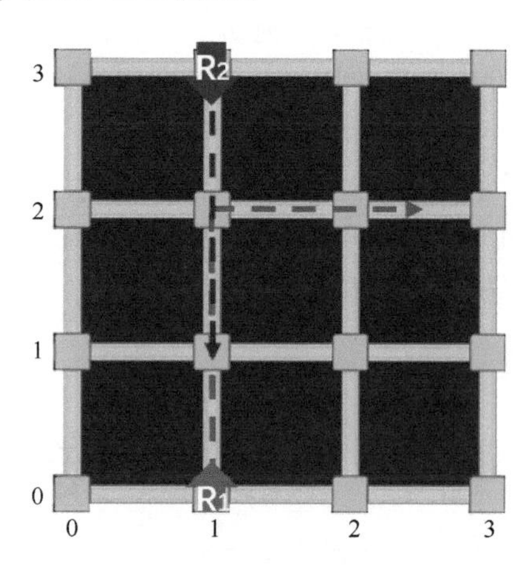

图 10-2　t 时刻、t+1 时刻路径点重合

2）在地图环境 G 中，假设在 t 时刻机器人 R_1、R_2 在路径点重合，会发生碰撞，如图 10-3a、b 所示。

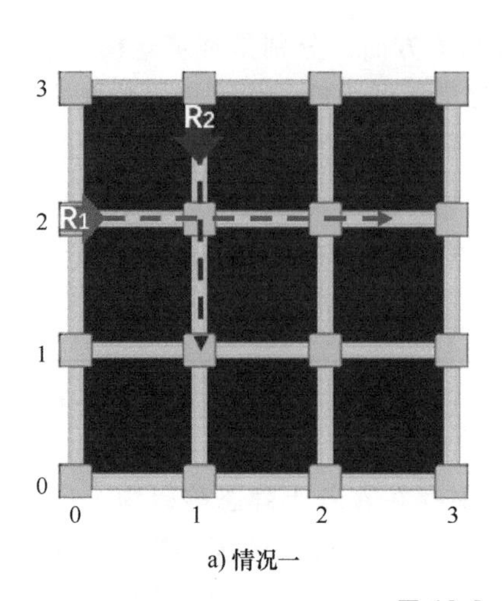

a) 情况一

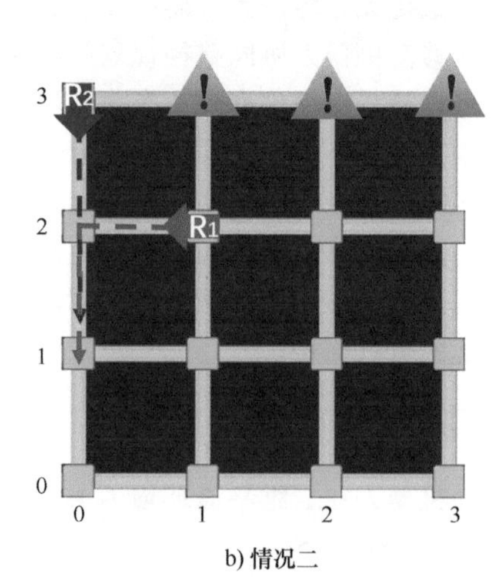

b) 情况二

图 10-3　t 时刻路径点重合

3）在地图环境 G 中，机器人 R_1、R_2 在进入槽位时，路径点重合面对面相遇会发生碰撞，如图 10-4 所示。

三、解决策略

解决多机器人在移动过程中可能发生的冲突，首先需要明确机器人之间的优先级。优先级高的机器人按照原路径前进，优先级低的机器人则需要进行局部路径的调整。

假设机器人 R_1 优先级高于机器人 R_2，解决常见的多机器人发生冲突的策略如下。

1）当两个机器人面对面前进，在 t 时刻、$t+1$ 时刻的路径点相同时。根据机器人的优先级进行判断，让机器人 R_1 在原地等待并按照原路径前进，给机器人 R_2 重新规划前进路径（实际位置到目标点），如图 10-5 所示。

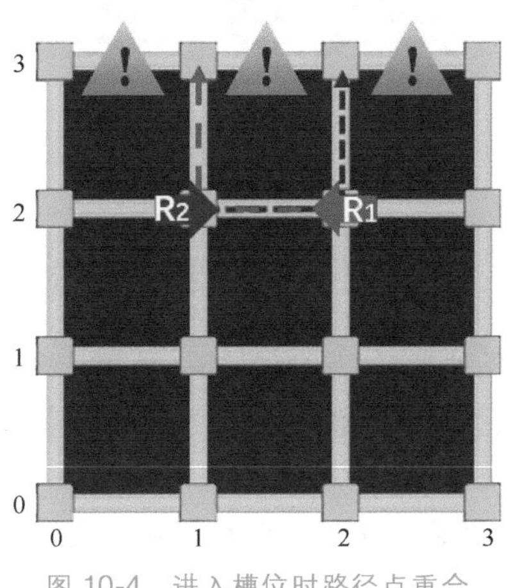

图 10-4　进入槽位时路径点重合

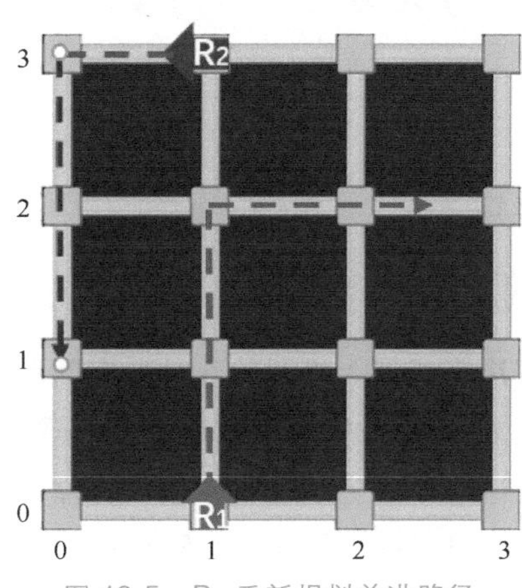

图 10-5　R_2 重新规划前进路径

2）当机器人 R_1、R_2 在 t 时刻的路径点重合时，会出现两种情况。

情况一：如图 10-6 所示，两个机器人直角相遇，这时如果利用物流机器人的优先级来控制机器人移动可能会发生剐蹭、碰撞。因此，需要通过两个机器人的位移来决定哪个机器人需要重新规划路径，距离重合点远的机器人重新规划路径。机器人 R_1 重新规划路径（实际位置到目标点），机器人 R_2 等待并按照原路径前进。

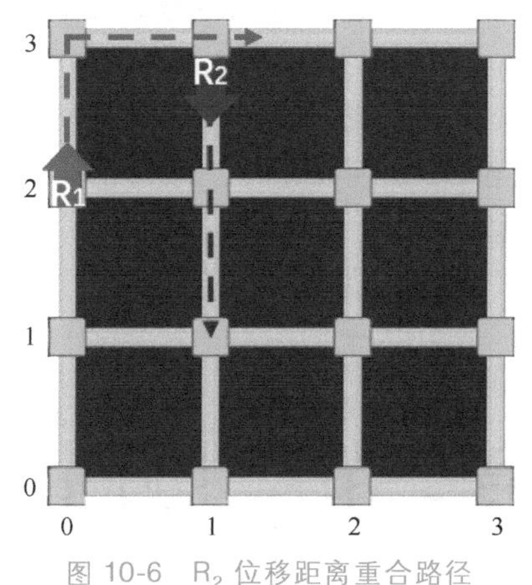

图 10-6　R_2 位移距离重合路径点近，R_1 重新规划路径

情况二：如图 10-7 所示，当机器人 R_2 只能前进时，与机器人 R_1 的路径点重合，按照优先级控制机器人移动，机器人 R_1 等待并按照原路径前进，机器人 R_2 重新规划路径，由于机器人 R_2 只能前进，无法规划出其他路径，所以这时不能按优先级控制机器人，需要给机器人 R_1 重新规划路径（实际位置到目标点），让机器人 R_2 等待并按原路径前进。

3）如图 10-8 所示，当机器人 R_1、R_2 进入槽位时，只能从前方进入，两个机器人面对面相遇，同样用优先级来控制机器人移动，机器人 R_1 优先级高于机器人 R_2，所以让机器人

R_1 等待并按照原来路径前进，让机器人 R_2 重新规划路径（实际位置到目标点）。

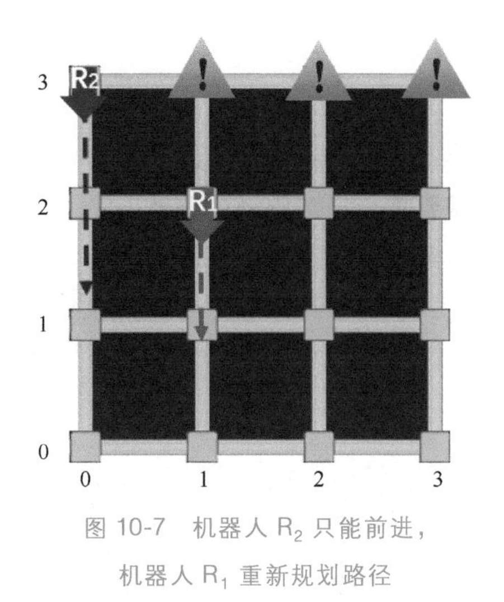

图 10-7　机器人 R_2 只能前进，机器人 R_1 重新规划路径

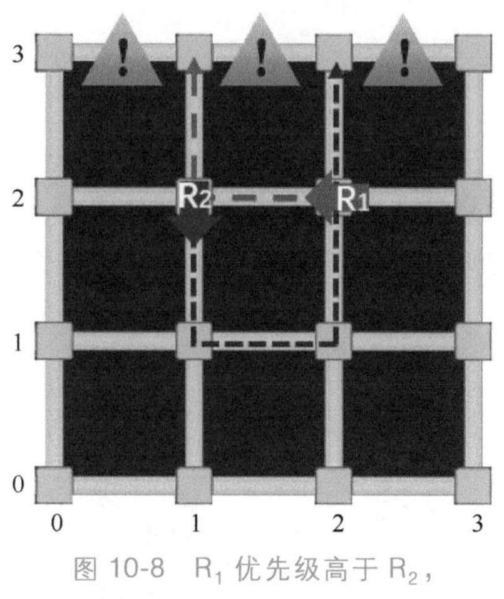

图 10-8　R_1 优先级高于 R_2，R_2 重新规划路径

四、D* 算法

解决多机器人之间的几种冲突问题，除了上述的几种策略，还有另外一种用于多机器人路径规划的算法——D* 算法，其实现方法为在机器人按照预定路径行驶过程中与其他机器人发生碰撞后，把其他机器人当作障碍物，并且重新规划路径。

D*（D-Star，Dynamic A Star）算法是典型的动态网路求解最短路径算法，用于计算一个节点到其他所有节点的最短路径。其主要特点是以起点为中心向外层扩展，直到扩展到终点位置。D* 算法的本质是 A* 算法，目的是得出最短路径的最优解。

1）使用 A* 算法给每个机器人规划出一条起点到终点的最优路径。

2）在已规划完成的确定路径上，进行动态障碍碰撞检测。如果不发生冲突，机器人正常在最优路径上移动；如果发生冲突，其中一个机器人将另外一个机器人设置为障碍；当第 i 步发现冲突时，将 i、$i+1$ 步设置为障碍，从 $i-1$ 步重新规划当前坐标到终点的最优路径。

3）每台机器人将得到从起点到终点的无碰撞的最优路径。

第 2 节　协同调度

移动机器人已经广泛地应用于工业领域。随着车间移动机器人数量和任务的增加，合理地调度机器人工作、避免发生碰撞或机器人闲置，对提高机器人的利用率具有重要意义。

协同调度是一种令机器人最大化完成任务的有效的机器人调度机制，其主要目的是寻找能够最小化完工时间的最佳调度方案。

一、主要任务

多机器人协同调度旨在从系统的角度减少资源浪费，减小冲突概率，保证总体最优性。多机器人系统协同调度主要表现为任务分配问题，根据不同情况又可细分为最优分配问题、整数线性规划问题、调度问题、网络流问题和组合优化问题等，主要解决方法有基于行为的分配方法、市场机制方法、群体智能方法、线性规划方法等。

二、评价方法

在自然界中，大雁、蚂蚁等单个的个体没有很高的智能，但是当很多的个体在一起时，就会出现复杂的群体智能行为（如大雁排成“人”字形、蚂蚁寻找食物等）。由此科学家们根据自然界中的群体智能行为研究出了多种仿生算法，并将群体智能应用到多机器人系统协同调度中。

接下来主要利用遗传算法、粒子群算法、蚁群算法来对多机器人系统实现协同调度。遗传算法主要是模拟生物的遗传和进化机制，对于复杂系统的自适应优化，主要包括三个核心进程：选择、交配和变异。粒子群算法主要是模拟鸟类觅食机制，将鸟作为粒子，鸟群作为粒子群，每个粒子在行进的过程中将自身的信息分享给同伴，它是一种更高效的并行搜索算法，非常适用于对复杂环境中的优化问题的求解。蚁群算法主要是模拟蚂蚁觅食的过程，当蚂蚁发现食物时，会进行标记，在走过的路上留下信息素，根据路上留下信息素的浓度来选择路线。

对于实现多机器人协同调度的算法，通常通过算法执行的时间和行进的路径长度来判定算法实现效果的优劣。对于路径来说，距离越短适应度越高，也就是更偏向于最优解。

阅读拓展

移动机器人路径规划方法分类

移动机器人的路径规划问题自提出至今，已经有了大量的研究成果，从最初的连接图法、可视图法、栅格法、Voronoi 图法，自由空间法、拓扑法、A* 算法、D* 算法，以及众多的改进算法等，到模糊逻辑算法、免疫算法、神经网络算法、遗传算法、各种群体智能算法等。目前，对移动机器人路径规划方法的分类有以下几种：

1）根据规划环境的信息掌握程度，移动机器人路径规划可分为基于环境已知的全局路径规划和基于传感器获得部分环境信息的局部路径规划。

2）根据周围环境中是否存在动态的障碍物，移动机器人路径规划可分为环境不变的静态规划和存在运动障碍物的动态规划。

3）根据规划方法的不同，移动机器人路径规划可分为基于事例的学习规划方法、基于传感器模型的规划方法和基于行为的路径规划方法。

在实际应用中，移动机器人路径规划方法的选择基于不同的环境和具体的移动机器人控制体系结构。不同的环境、不同性能的机器人、不同的轨迹规划任务下，不同的规划方法有各自的优势与劣势，目前还没有一种规划方法适合所有环境、所有系统。通常在具体的规划中，往往根据规划环境的不同采取不同的规划方法，来取得更好的规划效果，优化路径、计算时间等评价指标。

总结与评价

多机器人系统在运行过程中极易发生碰撞，多机器人协同路径规划主要涉及四个方面。在各种应用场景下，多机器人在运行过程中会出现各种冲突。解决多机器人的冲突问题，使用动态路径规划算法 D* 算法，可实现多机器人无碰撞运行。

1. 结合自己对于多机器人路径规划的学习和理解，完成本章节的知识结构图。

2. 根据自己的知识掌握情况填写下表。

序号	学习内容	掌握情况
1	多机器人协同路径规划涉及的四个方面	不了解　了解　理解
2	动态路径规划算法	不了解　了解　理解
3	动态路径规划算法的原理	不了解　了解　理解
4	多机器人协同调度的主要任务	不了解　了解　理解
5	实现多机器人协同调度的三种算法	不了解　了解　理解

第11章 CHAPTER 11 多机器人协同调度——遗传算法

想一想：

协同调度的主要目的是利用算法寻找能够最小化完工时间的最佳调度方案。遗传算法是其中比较被大众熟知的算法之一，那遗传算法的原理是什么呢？

近年来，随着电子商务行业的飞速发展，物流仓储内的订单、运输、分拣等成为物流的重要环节。多机器人协同调度是构建多移动机器人智能仓储的关键，而多机器人协同调度的实现是基于群体智能仿生算法。遗传算法是依据生物进化论和遗传学说而衍生的仿生算法。

第1节 遗传算法

遗传算法（GA）于1975年由美国密歇根大学的Holland教授提出，是建立在达尔文的生物进化论和孟德尔的遗传学说基础上的一种随机搜索算法。它是模拟达尔文生物进化论的自然选择和遗传学机理生物进化过程的计算模型，是一种通过模拟自然进化过程搜索最优解的方法。

遗传算法具有全局搜索能力强、鲁棒性强、灵活性和可扩展性强、并行计算能力强等优点，但求解过程中伴随着大量冗余迭代、效率降低、易出现过早收敛与局部最优解等现象。

一、算法起源

遗传算法的思想源于自然选择和优胜劣汰的进化规律，它通过计算的方法类比并模拟了生物学中的遗传进化过程，主要包括三个核心进程，见表11-1。

表11-1 遗传算法的三个核心进程

	生物解释	计算机解释
选择	物竞天择，适者生存。生物种群中环境适应度高的个体得以生存，适应度低的个体容易死亡	计算机种群中每个个体都拥有适应度，根据适应度的大小决定个体是否被遗传到下一代种群中。该个体遗传到下一代的概率与其适应度成正比

（续）

	生物解释	计算机解释
交配	两个个体交配时，两个匹配的染色体可能进行基因交换	设置一个交叉概率，从种群中随机选择两个基因个体，这两个基因个体按照交叉概率进行基因交换，基因交换的位置随机选取
变异	种群中任意个体的任意基因片段都有可能发生基因变异	设置一个变异概率，从种群中随机选择一个个体，该个体按照变异概率进行基因变异，变异的基因位置是随机的

1. 基因与个体

在生物学中，用 AA、Aa/aA、aa 来表示基因的性状。在标准的遗传算法中，使用二进制的符号集｛0，1｝和十进制来表示等位基因，见表 11-2。

表 11-2　遗传算法中的基因表示

一对等位基因	二进制符号	十进制
AA	00	0
Aa/aA	01	1
	10	2
aa	11	3

A 用二进制符号 0 来表示，a 用二进制符号 1 来表示。

在解决实际问题时，根据实际问题的情况给等位基因赋予具体的性状，如机器人的运动方向、目的地等。对于复杂的问题可以采用多位二进制符号来表示一对等位基因，即如果用 n 位二进制符号表示一对等位基因，则有 $2n$ 种表示性状。这与“自然界中大多数性状是由多对等位基因决定”的实际情况也是相吻合的。

标准遗传算法中，使用固定长度的二进制符号串来表示个体，即根据实际情况设置一个固定的基因长度，如固定长度为 6，则某一个体的基因序列可能为

01 10 11 01 10 00 或 01 10 01 11 10 00 ……

一个固定长度的基因个体，理论上应当有 $4^6=4096$ 种不同的排列方式。当固定长度增加 1，长度从 6 变为 7 时，所有可能排列的总数就会迅速扩增到 $4^7=16384$ 种，在这些排列组合中只有一种或几种基因序列是最适应自然环境的，即为最优解。基因长度越长，基因库就越庞大，计算量就会呈指数增长。

2. 种群

在生物学中，在一定时间内占据一定空间的同种生物的所有个体，称为种群。在计算机中，用固定基因长度的二进制符号表示个体，因此，用固定数量的具有固定基因长度的二进制符号串来表示种群。

在自然界中，初代种群往往只有具体的数量，因此无法包括所有的性状，它们只具备部分的性状。在生存过程中，种群中可能会有一部分适应度低的个体被自然界淘汰。因此，每一代种群都会根据适应度来判断是否削减种群中的个体；通过杂交的概率决定是否发生杂交去产生新的性状个体；通过变异的概率来决定是否发生变异去产生新的性状个体。种群迭代过程如图 11-1 所示。

3. 适应度

自然界中的“物竞天择，适者生存”在计算机中同样适用。在计算机中，通过给定一

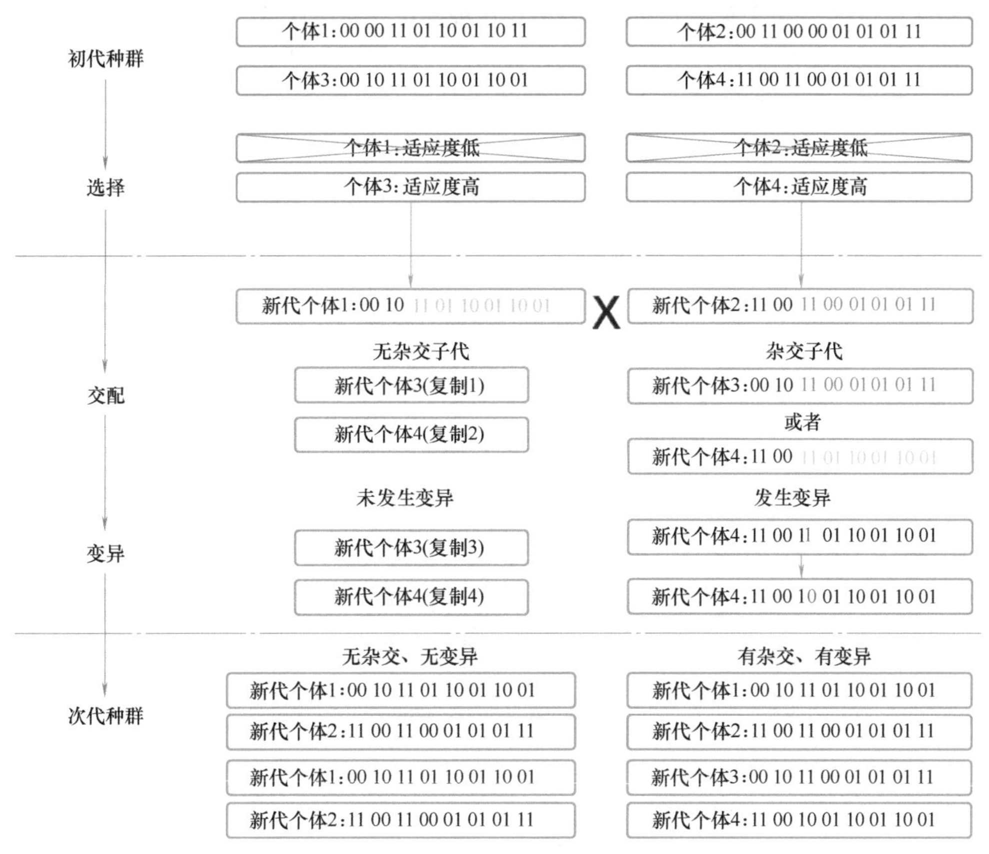

图 11-1 种群迭代过程

个适应度的算子用来计算所有个体是否适应“自然”。

根据实际问题，计算适应度 S 的表达式并不相同。如在路径规划问题中，可以使用路径长度的倒数作为适应度 S，路径越短对应的适应度 S 就越大，即适应度 S 越高；或者相同步数下走得越远的个体，其适应度被认为更高。

确定了适应度 S 的表达式后还需要估计其取值范围，并制订合适的淘汰阈值，即适应度低于阈值的个体将被淘汰，适应度高于阈值的个体将被留下。

二、算法原理

在遗传算法中，包含五个随机规则：

1）初代种群包含的个体是随机的。

2）进行交配的个体是随机的。

3）交配时若发生基因交叉，交叉的基因片段是随机的。

4）发生变异的个体是随机的。

5）发生变异的基因片段是随机的。

种群在每一次迭代过程中，通过选择、交配和变异得到的新种群个体数量和初代种群的个体数量相同。选择和交配体现了遗传算法的搜索能力，变异使遗传算法可以搜索到问题的所有解。

在实际应用中，会设置一个最大迭代数让该种群迭代有限次数，即判断若干代以后种群中的全部个体或大部分个体的基因序列是否都相同。若相同，则该基因序列就是本问题的最优解；若不相同，则需要反复调节各项参数使得最终结果收敛。遗传算法流程图如图 11-2 所示。

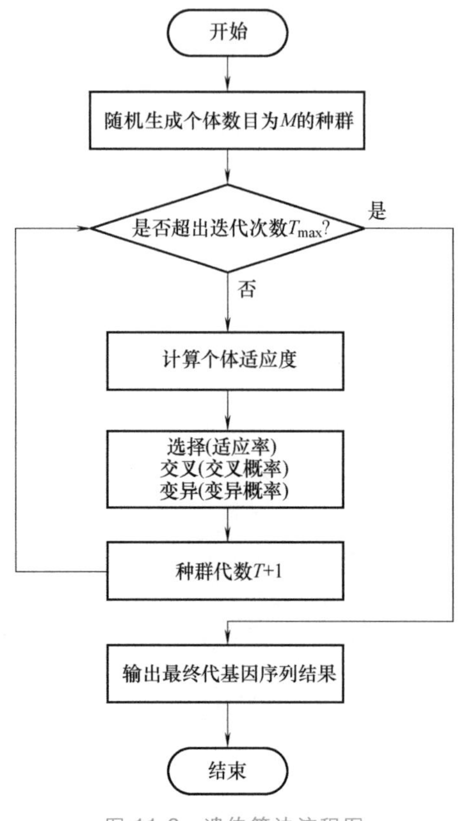

图 11-2　遗传算法流程图

遗传算法通常需要调节以下参数：

1）种群数目 M：每代种群的数目都为 M，一般设为基因序列长度的 2 倍。

2）杂交概率 $P_{\_c}$：根据经验使用二进制编码的基因序列杂交率为 0.7。

3）变异概率 $P_{\_m}$：根据经验一般设为 0.001。

4）最大迭代次数：根据经验一般设为 20 次。

目前并没有如何调节这些参数的有效规则，只能凭借调试人员的实践经验，根据具体的应用情景和实际效果进行调整。

第 2 节　算法评价

遗传算法是一种模拟自然进化过程来寻找最优解的人工智能技术，作为一种使用高效、鲁棒性强的优化技术，已引起国内外学者的高度重视。

遗传算法具有良好的全局搜索能力，可以快速地把空间中的全体解搜索出来，而不会陷入局部最优解的快速下降陷阱；并且利用它的内在并行性，可以方便地进行分布式计算，加速求解的速度。但遗传算法的局部搜索能力较差，导致单纯的遗传算法比较费时，在进化后期搜索效率较低。在实际应用中，遗传算法容易产生早熟收敛的问题。采用哪种选择方法既可以使优良个体得以保留还可以维持群体的多样性，一直是遗传算法中较难解决的问题，还需要进一步的研究。

在多机器人物流系统中，遗传算法在分配任务时，通过计算适应度来判断基因是否为最优，在物流机器人、货架、取货点的分配过程中，将计算路径规划算法的执行时间（从所有机器人执行开始直到最后一个机器人执行任务完成的持续时间）作为分配算法的适应度，时间越短对应路径就越短，路径越短执行就越快完成，这样分配的组合就比其他路径规划的组合更优。

图 11-3 表示基于遗传算法进行任务分配，得到每一代中所有基因组合的适应度。

```
任务分配算法-遗传算法-开始
第 0 代---- 基因适应度 [890, 0, 895, 971, 0, 1049, 885, 890, 871, 0, 838, 1049]
第 1 代---- 基因适应度 [0, 0, 0, 0, 0, 926, 913, 0, 0, 764, 0, 0]
第 2 代---- 基因适应度 [0, 0, 0, 0, 0, 0, 0, 0, 0, 926, 926, 0]
第 3 代---- 基因适应度 [0, 0, 0, 0, 0, 0, 0, 0, 0, 0, 860, 913]
第 4 代---- 基因适应度 [0, 0, 0, 0, 0, 0, 0, 0, 0, 0, 0, 913]
```

图 11-3　遗传算法每代基因组合的适应度

由图 11-3 可知：每一代基因都有 12 个基因个体，因此在每一代列表中都有 12 个基因适应度；基因的适应度从第 0 代开始，适应度（路径执行时间）偏大，接下来每一代基因的适应度都越来越小；适应度为 0 时，表示该分配组合无法规划出合适路径或者规划路径超时；如图 11-4 所示，最后找到历史适应度中最小的基因组合（764，表示 76.4s）来分配任务。

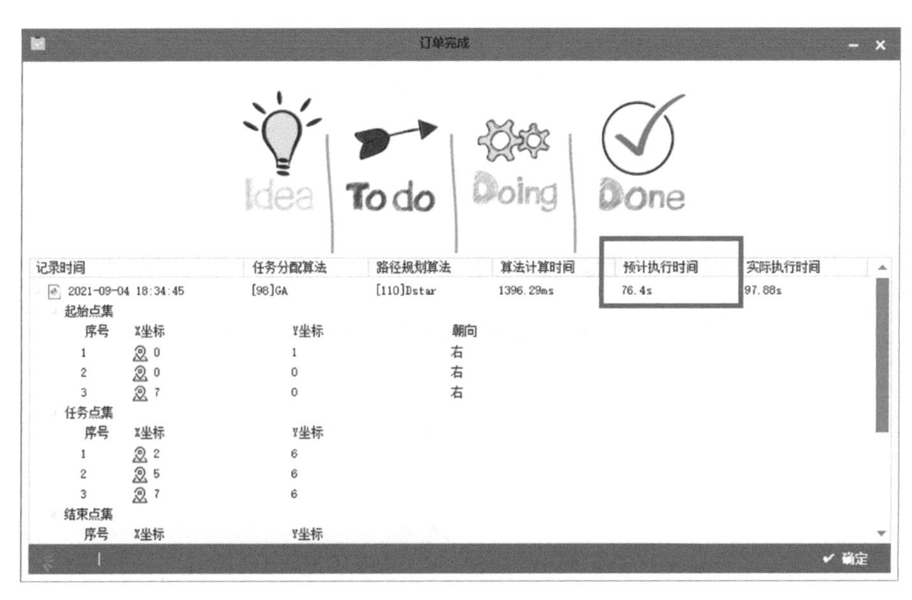

图 11-4　遗传算法执行时间

阅读拓展

采用遗传算法求解多机器人协同调度模型

假设企业资源计划（ERP）系统接收来自电子商务平台的一批订单，完成这批订单的拣选工作需搬运 n 个货架，控制中心基于调度算法将任务分为 m 组，分配至 m 个空闲机器人，智能仓储共有 e 个拣选台，每个订单由一个拣选台单独完成。单个移动机器人执行任务序列的过程中分为空载和载货两个状态，两个状态下行驶的单位距离耗电量不同，耗电量与机器人的行驶距离成正比。同时考虑锂电池的放电特性，电池消耗比值与剩余里程量的关系如图 11-5 所示，可见随着电池使用量的增加，剩余行驶距离也在加速下降。针对不同剩余电量的移动机器人调度问题应考虑剩余电量与任务代价的关系。

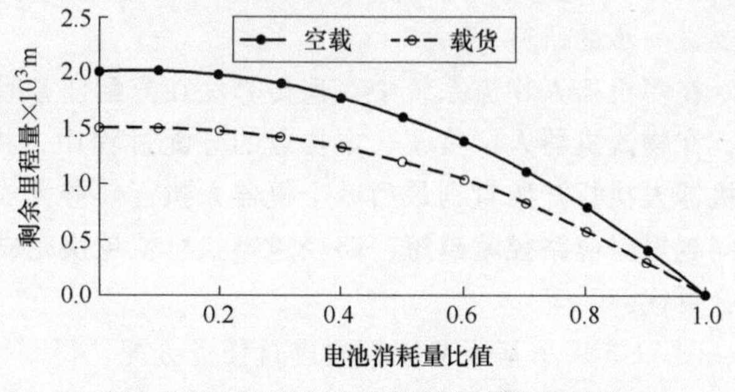

图 11-5 电池消耗比值与剩余里程量的关系

针对遗传算法在应用过程中出现的收敛慢和封闭竞争问题，增加虚拟任务进行任务分配，快速排出不可行解，提高遗传算法的运行速度。基于虚拟任务改进遗传算法的实现流程如图 11-6 所示。

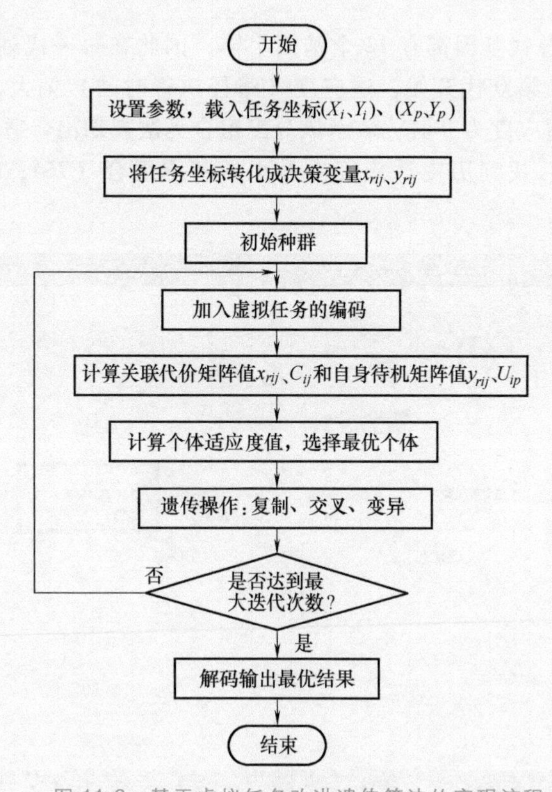

图 11-6 基于虚拟任务改进遗传算法的实现流程

总结与评价

遗传算法是建立在达尔文的生物进化论和孟德尔的遗传学说基础上的一种随机搜索算法，主要包括三大核心进程，通过这三大核心进程增加或减少种群的数量，从而达到进化的目的。遗传算法包括五个随机规则，通过随机性增强遗传算法的搜索能力。

1. 结合自己对遗传算法的学习和理解，完成本章节的知识结构图。

2. 根据自己的知识掌握情况填写下表。

序号	学习内容	掌握情况
1	遗传算法的起源	不了解　了解　理解
2	遗传算法的三大核心进程	不了解　了解　理解
3	遗传算法的三大核心进程如何实现种群的增加或减少	不了解　了解　理解
4	遗传算法的优点和缺点	不了解　了解　理解
5	遗传算法中个体的表示	不了解　了解　理解
6	遗传算法如何根据适应度淘汰个体	不了解　了解　理解

第12章 CHAPTER 12 多机器人协同调度——粒子群算法

想一想：

粒子群算法也是多机器人协同调度中被大众熟知的算法之一，那粒子群算法的原理又是什么？与遗传算法有什么区别？

对于多机器人协同调度的问题，粒子群算法依据鸟群觅食建立算法模型，简化了遗传算法的复杂逻辑，通过计算完成粒子位置和粒子速度的更新，具有计算简单、易于实现、控制参数少等优点，引起了国内外相关领域众多学者的关注和研究。

第1节 粒子群算法

1995年，受到鸟群觅食行为的规律启发，James Kennedy 和 Russell Eberhart 建立了一个简化算法模型，经过多年改进最终形成了粒子群优化算法（PSO），也称粒子群算法或鸟群觅食算法。

粒子群算法是通过群体中粒子间的合作与竞争而产生的群体智能指导优化搜索。它是一种进化算法，从随机解出发，通过迭代、追随当前搜索到的最优值寻找全局最优解，通过适应度评价解的品质。它的规则比遗传算法更简单，不含交叉、变异等过程。

粒子群算法采用简单的速度位移模型，避免了复杂的遗传，同时它特有的记忆功能使其可以动态地跟踪当前的搜索情况并调整搜索策略，具有较强的全局搜索能力和鲁棒性，且不需要借助问题的特征信息，因此，它是一种更高效的并行搜索算法，非常适用于复杂环境中的优化问题求解。粒子群算法具有容易实现、精度高、收敛快、算法需要的参数较少、受所求问题维数影响较小等优点，但也具有易陷入局部最优问题、后期收敛速度慢、影响算法精度等缺点。

一、算法起源

粒子群算法的思想源于鸟群觅食的行为，一群鸟在某一区域中随机地搜寻一块食物，每只鸟都不知道这块食物的位置，但知道自身与食物的距离，每只鸟将自身的信息在鸟群中共享。所以要想找到这块食物，最快的方法就是在距离食物最近的那只鸟周边进行搜寻。

1. 粒子与粒子群

同遗传算法类似，粒子群算法也有一些特别的计算机仿生定义，其核心可概括为两个对象、两个过程：对象指鸟（粒子）和鸟群（粒子群）；过程指食物搜寻和信息共享，见表 12-1。

表 12-1 粒子群算法的仿生定义

对象	属性	行为
粒子(鸟)	速度、位置、历史最优位置	搜寻(计算适应度)
粒子群(鸟群)	全局位置最优	信息共享(迭代)

粒子群算法一般用实数编码，即用一串实数来表示一个粒子。若干个粒子（鸟）组成一个粒子群（鸟群）。每个粒子都有三个属性：速度、位置、历史最优位置，见表 12-2。

表 12-2 粒子属性

属性	符号	描述
速度	v_i	当前粒子所具有的速度由两部分组成：受之前速度影响遗留下来的惯性系数 w；若当前粒子不是粒子群中最接近目标的粒子时，该粒子有朝向最优方向移动的趋势速度
位置	x_i	当前粒子所在的位置，用以衡量粒子与目标的距离
历史最优位置	p_i	当前粒子在搜寻目标的过程中，距离目标最近的位置

2. 搜寻

与遗传算法类似，粒子群算法也需要定义适应度函数，用以评估每个解的优异度。在鸟群觅食的过程中，可以使用粒子（鸟）位置与目标（食物）的曼哈顿距离作为适应度函数。假设粒子的坐标为（X_{particle}，Y_{particle}），目标点坐标为（X_{target}，Y_{target}），粒子坐标到目标点的适应度函数（曼哈顿距离）为

$$S=\frac{1}{|X_{\text{target}}-X_{\text{particle}}|+|Y_{\text{target}}-Y_{\text{particle}}|+1} \tag{12-1}$$

由式（12-1）可知，适应度 S 越接近于 1，粒子的位置越好。

3. 信息迭代

适应度最大的粒子会在粒子群中共享自己的位置，使得其他粒子向其靠近。粒子群中当前最接近全局最优解的粒子位置用 p_g 表示。在寻找全局最优解的过程中，每次迭代粒子群中的粒子都需要不断更新自己的速度和位置，即

更新粒子的速度 v_i'=惯性系数 w×当前粒子的速度 v_i+学习因子 c_1×[0，1] 之间的随机数×(粒子历史最优位置 p_i-粒子当前位置 x_i)+学习因子 c_2×[0，1] 之间的随机数×(粒子群的历史最优位置 p_g-粒子当前位置 x_i)

上述描述可以用公式表示为

$$v_i'=wv_i+c_1\text{rand}()(p_i-x_i)+c_2\text{rand}()(p_g-x_i) \tag{12-2}$$

更新粒子的位置=当前粒子的位置+更新后粒子的速度，用公式表示为

$$x_i'=x_i+v_i' \tag{12-3}$$

惯性系数 w 用来控制继承粒子当前的速度，其值越大则对于当前速度的继承程度越小，值越小则对于当前速度的继承程度越大。

学习因子 c_1 为粒子学习因子，也称粒子加速因子；c_2 为粒子群学习因子，也称粒子群加速因子。

二、算法原理

粒子群算法流程图如图 12-1 所示。

1）设定一个粒子群规模 m，即粒子群数量。

2）规定用于表示粒子的实数串长度 n。

3）初始化时，随机生成 m 个粒子，即随机生成 m 个长度为 n 的实数串；给所有粒子设置固定或随机的初始速度，也可全部设置为 0。

4）进行反复搜索和迭代，直到产生最优解。

实例演示粒子群优化算法的迭代过程如下：假定目标位置坐标为（5，5），即图 12-2 中“×”处；设定惯性系数 $w=0.6$；设定学习因子 $c_1=1.2$、$c_2=1.5$。

1. 初始化粒子群

随机生成 10 个粒子的位置坐标和初始速度，坐标位于 10×10 的范围内，初始速度位于区间［-0.5，0.5］。图 12-2 所示为初始化粒子在二维平面图中的位置，表 12-3 为 10 个粒子初始化的位置、速度以及历史最优位置。

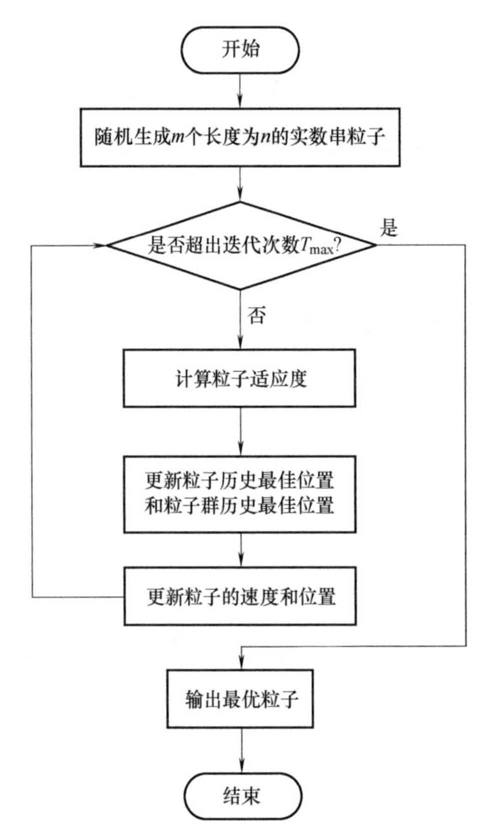

图 12-1　粒子群算法流程图

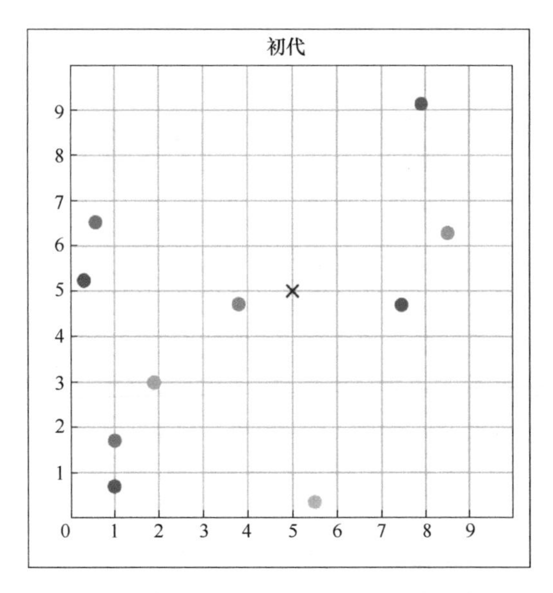

图 12-2　初始化粒子在二维平面图中的位置

表 12-3 粒子群初代粒子数据

粒子	位置 x_i	速度 v_i	历史最优位置 p_i
1	[7.902,9.143]	[-0.158,0.112]	[7.902,9.143]
2	[3.793,4.72]	[-0.211,0.456]	[3.793,4.72]
3	[8.505,6.29]	[0.069,-0.473]	[8.505,6.29]
4	[0.3,5.237]	[0.319,-0.18]	[0.3,5.237]
5	[7.438,4.7]	[0.198,0.343]	[7.438,4.7]
6	[0.989,0.697]	[0.371,-0.476]	[0.989,0.697]
7	[0.998,1.706]	[0.426,0.496]	[0.998,1.706]
8	[0.573,6.524]	[0.353,-0.392]	[0.573,6.524]
9	[5.492,0.356]	[0.427,-0.174]	[5.492,0.356]
10	[1.881,3.0]	[-0.279,0.273]	[1.881,3.0]

2. 搜寻最优位置

1）计算每个粒子到目标的距离，这里使用欧式距离，如图 12-3 所示，即两点的直线距离作为适应度函数：$S=\sqrt{(X_{\text{target}}-X_{\text{particle}})^2+(Y_{\text{target}}-Y_{\text{particle}})^2}$

2）根据适应度函数，找到距离目标最近的粒子位置 $p_g=[3.793, 4.72]$（粒子 2）。

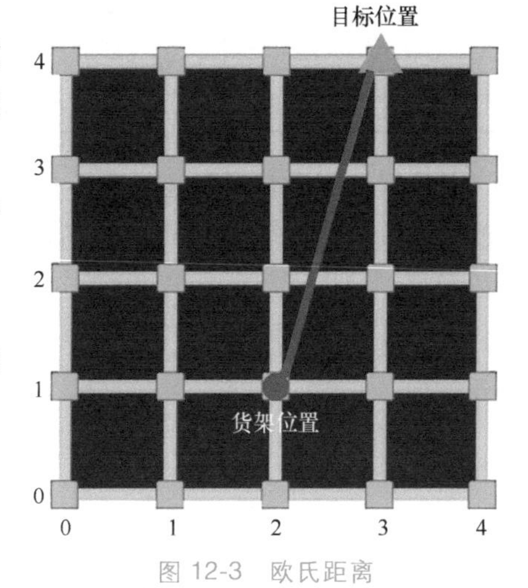

图 12-3 欧氏距离

3. 信息的迭代

利用更新粒子的位置、速度的公式进行信息迭代，即式（12-2）、式（12-3）。例如：

$$v_1'=0.6\times\begin{bmatrix}-0.158\\0.112\end{bmatrix}+1.5\times0.429\times$$

$$\left(\begin{bmatrix}3.793\\4.72\end{bmatrix}-\begin{bmatrix}7.902\\9.143\end{bmatrix}\right)=\begin{bmatrix}-2.739\\-2.779\end{bmatrix}$$

$$x_1'=\begin{bmatrix}7.902\\9.143\end{bmatrix}+\begin{bmatrix}-2.739\\-2.779\end{bmatrix}=\begin{bmatrix}5.163\\6.364\end{bmatrix}$$

上式中产生的［0，1］随机数为 0.429，初代粒子的历史最佳位置就是初始位置，故省略更新粒子的历史最佳位置。对于粒子 2，有

$$v_2'=0.6\times\begin{bmatrix}-0.211\\0.456\end{bmatrix}=\begin{bmatrix}-0.127\\0.273\end{bmatrix}$$

$$x_2'=\begin{bmatrix}3.793\\4.72\end{bmatrix}+\begin{bmatrix}-0.127\\0.273\end{bmatrix}=\begin{bmatrix}3.666\\4.993\end{bmatrix}$$

粒子 2 即为最佳粒子，故省略更新粒子和粒子群的最佳位置。所有粒子信息迭代后结果见表 12-4。

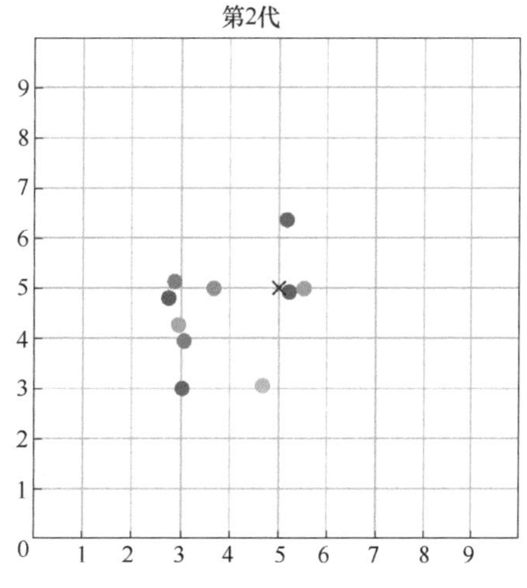

图 12-4 粒子群第一次迭代后的粒子分布位置

根据图 12-4 可以观察出，所有粒子都快速向粒子 2（橙色点）的位置靠近。

表 12-4 第一次迭代后的粒子数据

粒子	位置 x_i	速度 v_i	历史最优位置 p_i
1	[5.163,6.364]	[-2.739,-2.779]	[7.902,9.143]
2	[3.667,4.993]	[-0.127,0.273]	[3.793,4.72]
3	[5.514,4.996]	[-2.99,-1.294]	[8.505,6.29]
4	[2.739,4.796]	[2.439,-0.441]	[0.3,5.237]
5	[5.211,4.918]	[-2.226,0.218]	[7.438,4.7]
6	[3.016,3.0]	[2.027,2.303]	[0.989,0.697]
7	[3.053,3.943]	[2.055,2.237]	[0.998,1.706]
8	[2.857,5.128]	[2.284,-1.396]	[0.573,6.524]
9	[4.655,3.06]	[-0.837,2.704]	[5.492,0.356]
10	[2.944,4.27]	[1.063,1.271]	[1.881,3.0]
粒子群历史最佳位置 p_g	[3.793,4.72]	最佳距离	1.239

但是因为每个粒子都还具有不低的速度，因此结果并没有收敛，历史最佳位置的粒子是紫色点，后续迭代结果如图 12-5 所示。

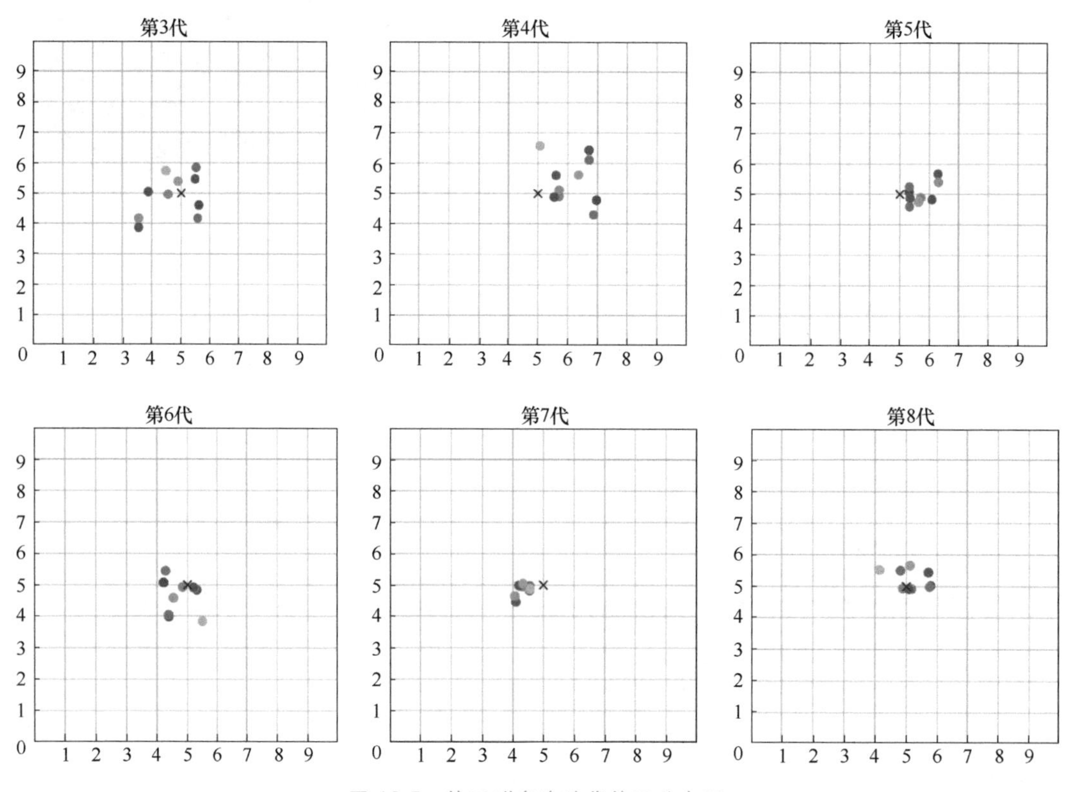

图 12-5 粒子群多次迭代粒子分布图

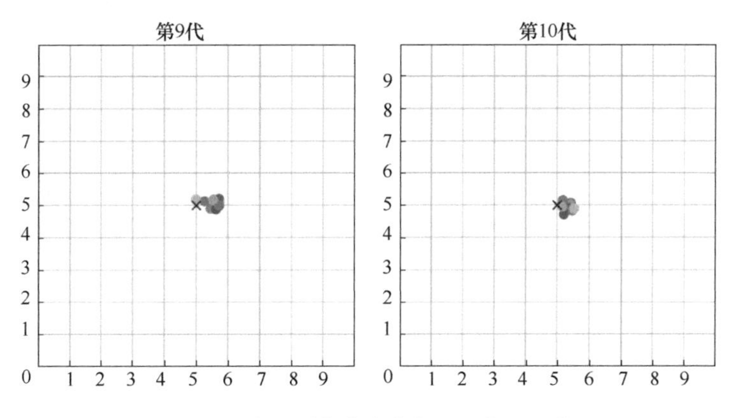

图 12-5 粒子群多次迭代粒子分布图（续）

图 12-6 所示为经历 20 次迭代的结果，竖直轴为时间轴，即迭代次数；底部二维坐标为设定的粒子运动范围 10×10；最终粒子基本都聚集在一点，即结果收敛在目标坐标（5，5）。

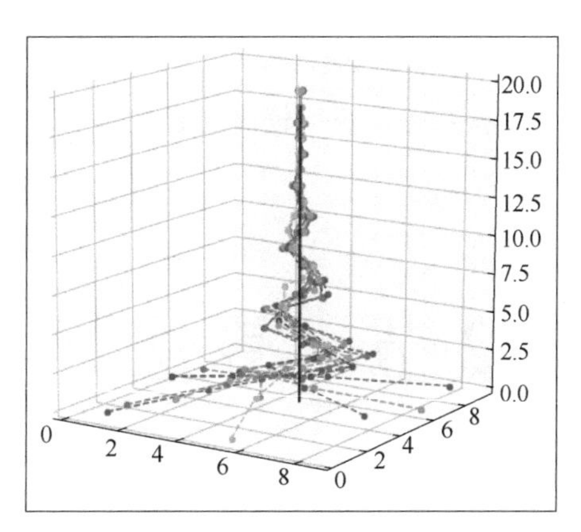

图 12-6 粒子群算法的收敛过程

任意取其中单个粒子，其迭代轨迹如图 12-7a、b 所示。

4. 调节参数

试着将惯性系数从 $w=0.6$ 改成 $w=0.2$。观察发现，减小惯性系数后，粒子群迅速收敛，大约在第 7 代后，粒子群都聚集在坐标（5，5）处，由此收敛排列成一条直线状，如图 12-8 所示。这

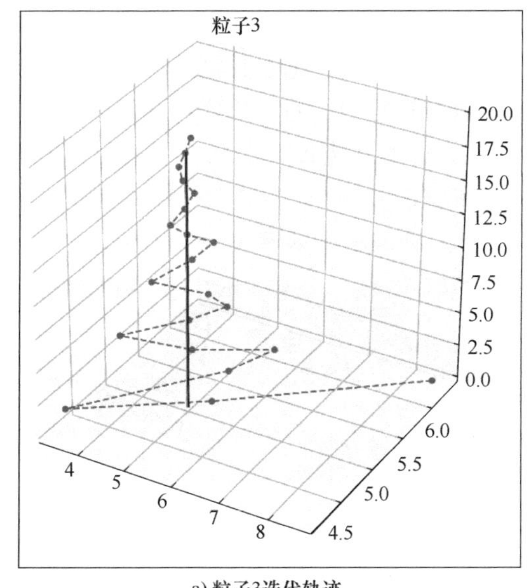

a) 粒子3迭代轨迹

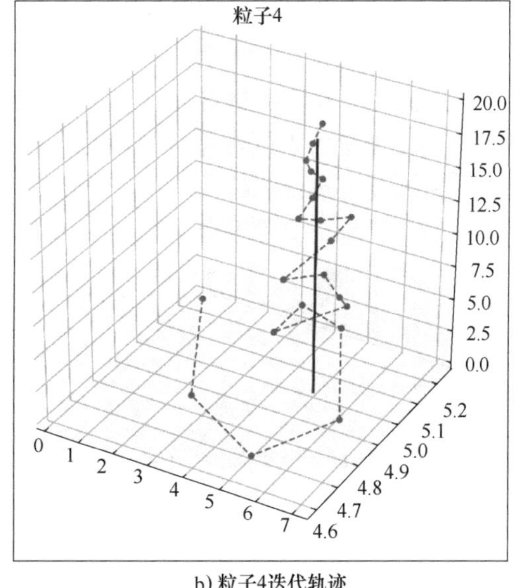

b) 粒子4迭代轨迹

图 12-7 单个粒子的迭代轨迹

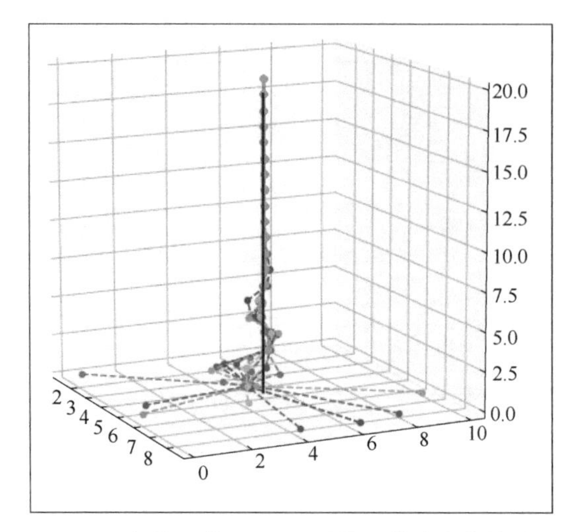

图 12-8 惯性系数 $w=0.2$ 时粒子算法的收敛过程

样调整参数可以获得较快的收敛速度，但也容易使得收敛得到的是局部最优解，而非全局最优解。

第 2 节 算法评价

粒子群算法采用的是简单的速度位移模型，避免了复杂的遗传操作，同时它特有的记忆功能使其可以动态地跟踪当前的搜索情况并及时调整搜索策略，具有较强的全局搜索能力和鲁棒性，且不需要借助问题的特征信息。因此，粒子群是一种更高效的并行搜索算法，非常适用于复杂环境中的优化问题求解。

实际多机器人物流系统中，粒子群算法在分配任务的过程中通过计算适应度来判断粒子位置是否为最优，在物流机器人、货架、取货点的分配过程中，将计算路径规划算法的执行时间（最后一个机器人执行完成的时间）作为分配算法的适应度，时间越短对应路径就越短，对应路径越短执行就越快完成，分配的组合就越优。

输出每一代粒子位置组合（机器人-货架-取货点）的适应度如图 12-9 所示。

```
任务分配算法-粒子群算法-开始
使用次数：第 0 代----- 粒子适应度 [ 946.  813. 1148.  970.  874.  788.  873.  890.  873.  946.  849.  819.]
第 1 代----- 粒子适应度 [921. 906. 921. 788. 835. 788. 788. 863. 819. 863. 819. 819.]
第 2 代----- 粒子适应度 [921. 906. 921. 788. 835. 788. 895. 921. 788. 906. 863. 863.]
第 3 代----- 粒子适应度 [788. 788. 788. 788. 906. 788. 873. 863. 835. 921. 819. 906.]
第 4 代----- 粒子适应度 [788. 788. 788. 788. 788. 788. 788. 863. 835. 863. 819. 819.]
```

图 12-9 粒子群每一代粒子位置组合的适应度

由图 12-9 可知，本次任务分配迭代了 4 代，每一代中都有 12 个粒子，从第 0 代开始，粒子位置组合的适应度偏大，后面每一代粒子位置组合的适应度都有变小；迭代到第 4 代时多数粒子的位置组合适应度都为 788（表示 78.8s），到第 4 代停止迭代，表示粒子位置已经是较优解，如图 12-10 所示。

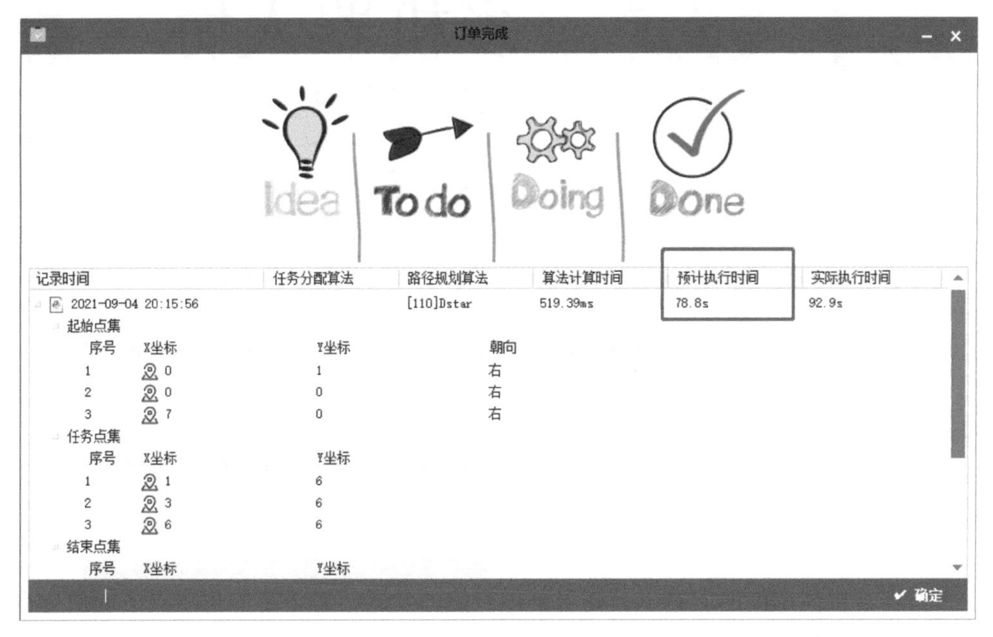

图 12-10 粒子群算法执行时间

总结与评价

粒子群算法是基于鸟群觅食的规律建立的一个简化算法模型，通过群体中粒子间的合作与竞争而产生的群体智能指导优化搜索。粒子群算法以粒子（鸟）位置与目标（食物）的曼哈顿距离作为适应度函数，通过不断的计算更新粒子的速度和位置，逐渐靠近最优粒子，最终找到食物。

1. 结合自己对粒子群算法的学习和理解，完成本章节的知识结构图。

2. 根据自己的知识掌握情况填写下表。

序号	学习内容	掌握情况
1	粒子群算法的起源	不了解　了解　理解
2	粒子群算法更新位置和速度的公式	不了解　了解　理解
3	粒子群算法的适应度函数	不了解　了解　理解
4	粒子群算法的优点和缺点	不了解　了解　理解
5	粒子群算法中粒子位置和速度的表示	不了解　了解　理解
6	粒子群算法的步骤	不了解　了解　理解

第13章 CHAPTER 13 多机器人协同调度——蚁群算法

想一想：

蚁群算法也是多机器人协同调度中被大众熟知的算法之一，蚁群算法的原理是什么？与遗传算法、粒子群算法又有什么不同？

在多机器人协同调度的问题上，随着群体智能的发展，对于智能仿生算法的研究也在马不停蹄地进行。蚁群算法是基于蚁群觅食的行为提出的模型算法。现阶段对蚁群算法的研究还停留在仿真阶段，有许多问题有待进一步研究。

第 1 节 蚁群算法

蚁群算法（ACO）是意大利学者 Marco Dorigo 于 1992 年基于蚁群觅食的行为特征提出的一种模型进化算法。该算法在求解旅行商问题（Traveling Salesman Problem，TSP）、分配问题、图着色问题等方面均取得了较好的结果。随着群体智能的研究发展，蚁群算法也被应用于多机器人系统的任务分配及调度协作等方面。

一、算法起源

蚁群觅食过程也是一种典型的群体智能行为，蚁群寻找食物时会派出一些蚂蚁分头在四周游荡，如果一只蚂蚁找到食物，它就返回巢中通知同伴并沿途留下信息素（Pheromone），作为蚁群前往食物所在地的标记。信息素会随时间挥发，如果两只蚂蚁同时找到同一食物，又采取不同路径回到巢中，那么比较绕远的一条路上信息素的气味会比较淡，蚁群将倾向于选择另一条更近的路径前往食物所在地。

在旅行商问题中，蚁群算法会设计虚拟的“蚂蚁”摸索不同的路径，并留下虚拟的“信息素”。虚拟的“信息素”也会挥发，每只蚂蚁每次随机选择要走的路径，但是它们倾向于选择路径比较短、信息素比较浓的路径。根据“信息素比较浓的路径更近”原则，即可选择出最佳路径。由于这个算法利用了正反馈机制，使得较短的路径能够有较大的机会得到选择，并且采用了概率算法，所以它能够不局限于局部最优解。

二、算法原理

如图 13-1 所示，蚂蚁选路过程中较短路径上遗留的信息素会在短时间内大于较长路径。蚁群算法的原理不妨用一个例子来说明：假设 A、E 两点是蚁群的巢穴和食物源，从其间有两条路径 A-B-H-D-E 和 A-B-C-D-E，其中 B-H 和 H-D 间距离为 1m，B-C 和 C-D 间距离为 0.5m。

如图 13-2 所示，在 A、E 点分别分配 30 只蚂蚁从两点出发，在 $t=0$ 时刻，30 只蚂蚁走到分支路口 B 点或 D 点。因为初始时没有什么线索可供蚂蚁们选择，所以以相同的概率决定选择哪条路径，结果是 15 只蚂蚁走左边路径 D-H、B-H；另外 15 只蚂蚁走右边的路径 D-C、B-C，这些蚂蚁在行进过程中分别留下信息素。

如图 13-3 所示，假设蚂蚁都具有相同的移动速度（1m/s）和释放信息素的能力，在经过 1s 后，从 D 点出发的蚂蚁，有 15 只蚂蚁到达 H 点，还有 15 只蚂蚁经过 C 点到达 B 点（D-H=D-C+C-B）；同样在经过 1s 后，从 B 点出发的蚂蚁，有 15 只蚂蚁到达 H 点，还有 15 只蚂蚁经过 C 点到达 D 点（B-H=B-C+C-D）。很显然，在相等时间间隔内，路径 D-H-B 上共有 15 只蚂蚁经过并留下信息素，路径 D-C-B 上共有 30 只蚂蚁经过并留下信息素，其信息素强度是 D-H-B 路径上的 2 倍。因此，当再有 30 只蚂蚁从 A、E 点出发选择路径时，就会以 2 倍于 D-H-B 的概率来选择 D-C-B，从而 D-H-B 上的蚂蚁数目变成了 10 只，是 D-C-B 上蚂蚁数量的一半，D-C-B 路径上的信息素很快得到了强化。

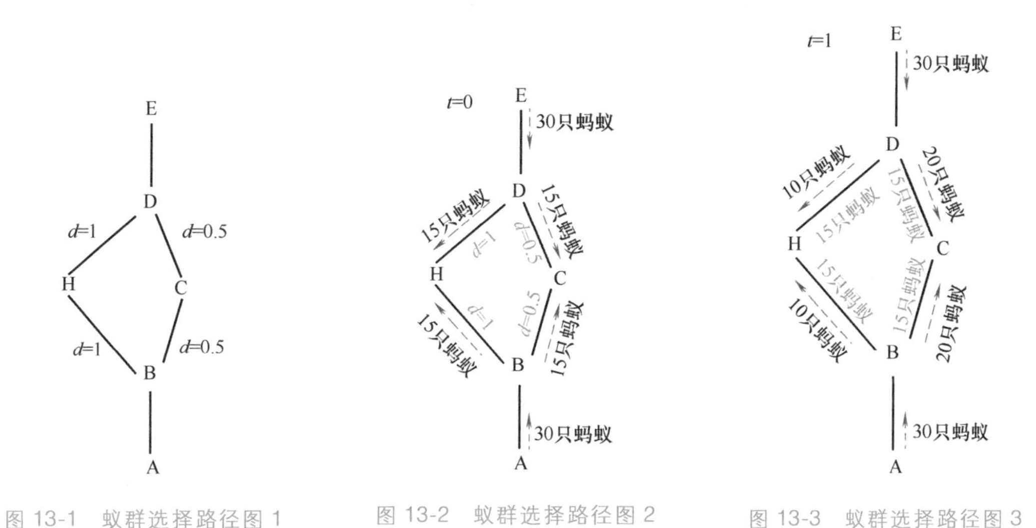

图 13-1 蚁群选择路径图 1　　图 13-2 蚁群选择路径图 2　　图 13-3 蚁群选择路径图 3

接下来，结合旅行商问题来介绍蚁群算法的实现。

三、旅行商问题

问题：假设有一个旅行商人要拜访 n 个城市，要求每个城市都要访问但只能访问一次，并且最后要回到原来出发的城市，要求得出访问所有城市的最短旅行路径。假定城市分布如图 13-4 所示，共 5 个城市，即 $n=5$。

城市集合为 $city=\{[9,3],[4,1],[6,2],[4,8],[3,5]\}$；城市 i 与城市 j 之间的欧氏距离

为 $d_{ij}=\sqrt{(x_i-x_j)^2+(y_i-y_j)^2}$；则这 5 个城市之间的欧氏距离可用矩阵表示为

$$\boldsymbol{d}=\begin{bmatrix} 0 & 5.385 & 3.162 & 7.071 & 6.325 \\ 5.385 & 0 & 2.236 & 7.000 & 4.123 \\ 3.162 & 2.236 & 0 & 6.325 & 4.243 \\ 7.071 & 7.000 & 6.325 & 0 & 3.162 \\ 6.325 & 4.123 & 4.243 & 3.162 & 0 \end{bmatrix}$$

与蚁群算法结合起来，需要给任意两个城市之间的路径附加初始信息素浓度 C（假设 $C=10$），即城市间道路的信息素浓度用矩阵表示为

$$\boldsymbol{q}=\begin{bmatrix} 0 & C & C & C & C \\ C & 0 & C & C & C \\ C & C & 0 & C & C \\ C & C & C & 0 & C \\ C & C & C & C & 0 \end{bmatrix}$$

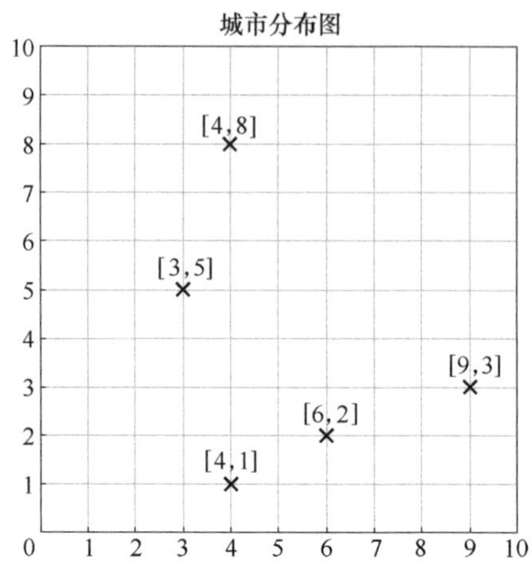

图 13-4　旅行商问题城市分布图

对于蚂蚁个体和蚁群需要定义一些属性，见表 13-1 和表 13-2。

表 13-1　蚂蚁个体属性

属性	符号	解释
城市 open 表	*city_open*	存放蚂蚁个体未经过的城市坐标
城市 close 表	*city_close*	按顺序存放蚂蚁已经过的城市坐标
路径长度	*value*	蚂蚁经过所有城市的总路程长度

表 13-2　蚁群属性

属性	符号	解释
蚁群规模	m	蚁群包含的蚂蚁数量，通常 $m=1.5n$
最短路径长度	*best_value*	历史解中最短的路径长度
最佳路径	*best_route*	历史解中最短路径长度对应的路径
信息素挥发因子	ρ	信息素随时间挥发，$\rho\in[0,1]$
信息素启发因子	α	信息素的影响程度，通常 $\alpha\in[1,9]$
期望启发因子	β	某种启发式搜索的影响程度，通常 $\beta\in[1,9]$
信息素浓度常数	Q	一只蚂蚁携带的信息素浓度，通常 $Q\in[10,100]$

初始化时，蚂蚁将被随机地放到某一个城市上，然后依据通往其他城市的各路径上的信息素浓度以及某种启发式搜索（如两城市之间的距离）的影响，量化每条路径被选中的可能性，再根据可能性的大小选择下一个要经过的城市。

蚂蚁 k 从城市 i 到达城市 j 的可能性用 p_{ij}^k 表示，则其表达式为

$$p_{ij}^{k}=\begin{cases}\dfrac{q_{ij}^{\alpha}\left(\dfrac{1}{d_{ij}+1}\right)^{\beta}}{\sum\limits_{s\in city\_open}q_{is}^{\alpha}\left(\dfrac{1}{d_{is}+1}\right)^{\beta}} & j\in city\_open \\ 0 & 其他\end{cases} \tag{13-1}$$

计算得到各城市的被选中概率后，为防止结果收敛至局部最优解，通常使用转盘抽奖的方式决定真正要走的路径。假设当前所在城市为［4，8］，即 $city\_close=\{[4,8]\}$，$city\_open=\{[9,3],[4,1],[6,2],[3,5]\}$；计算机产生一个 0~1 的随机数 $r=0.2834$，则下一个被选中的城市即为［6，2］，如图 13-5 所示。

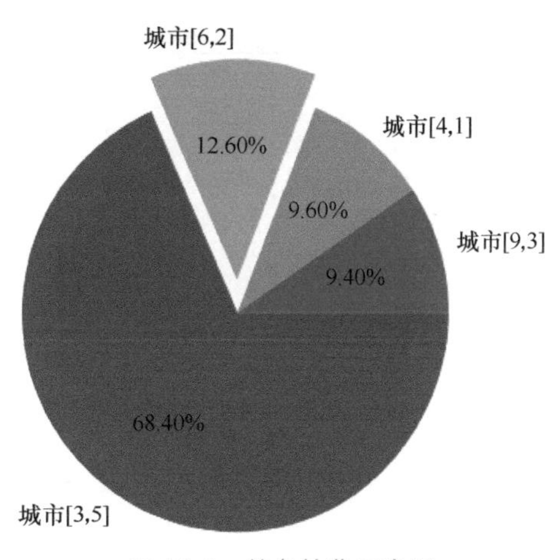

图 13-5 转盘抽奖示意图

当第一批的 m 只蚂蚁都经过一圈 n 个城市后，每只蚂蚁的路径长度 $value$ 都得到了记录，如图 13-6 所示。

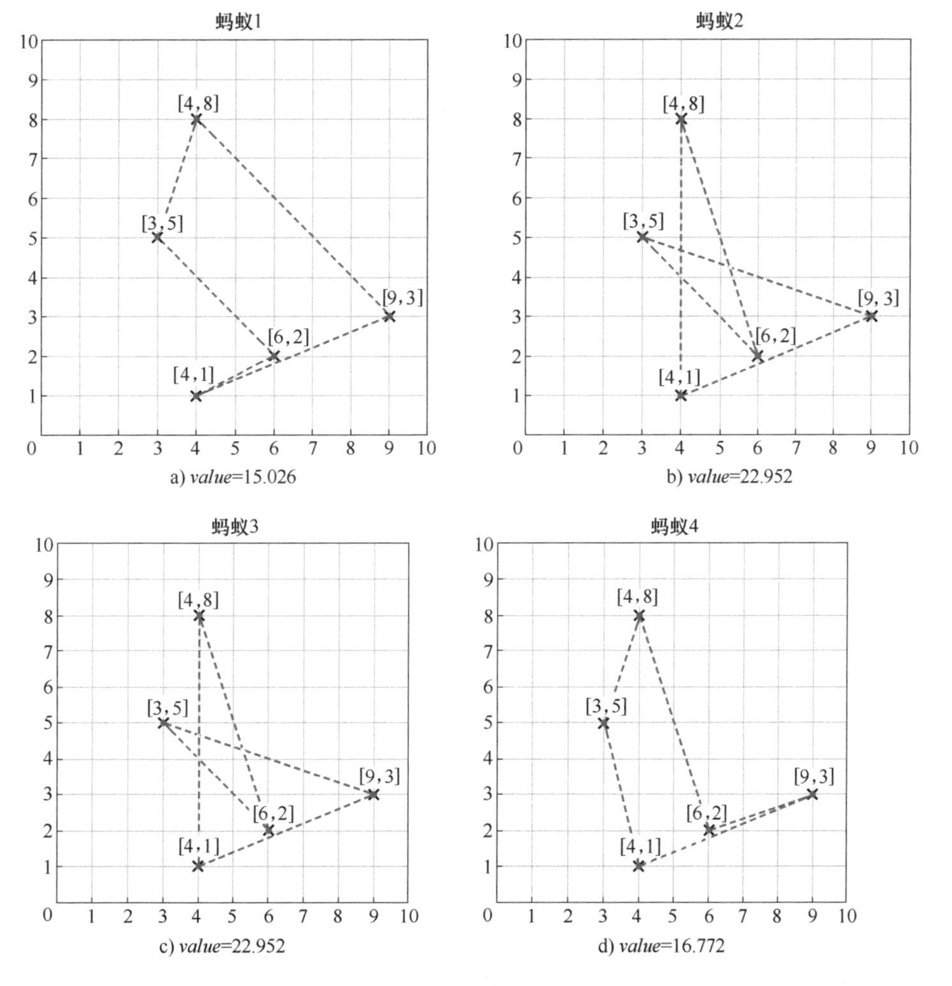

图 13-6 首批蚂蚁走过的路径以及路径长度

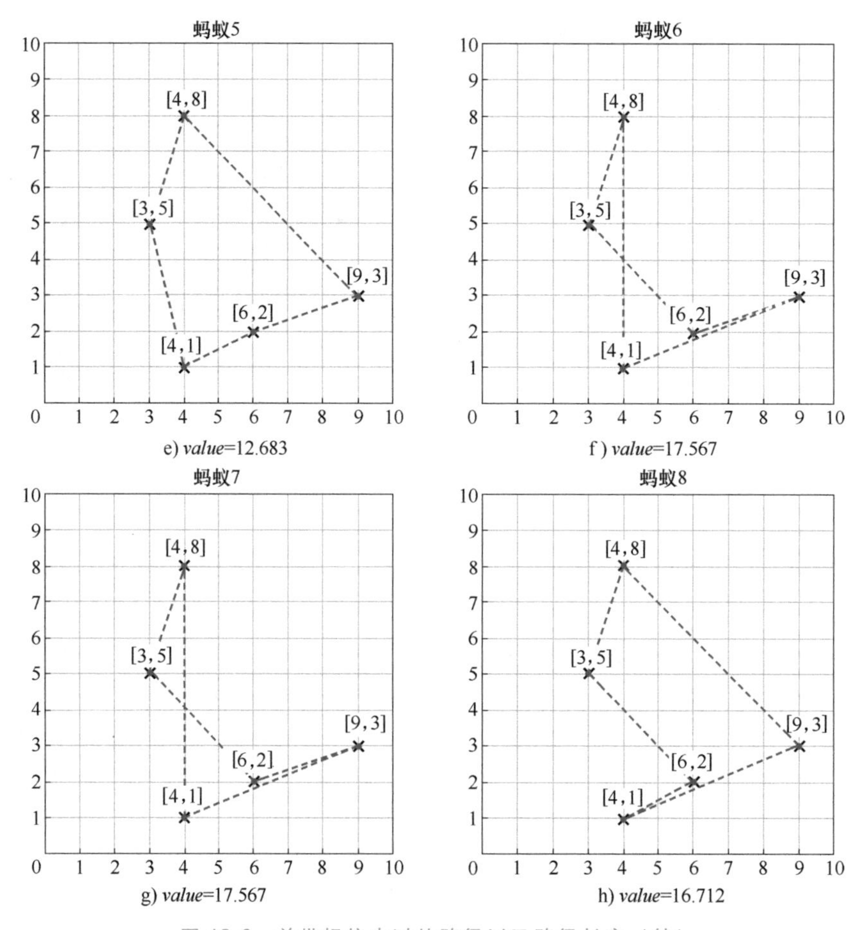

图 13-6　首批蚂蚁走过的路径以及路径长度（续）

同时更新记录最佳路径 *best_route* 和最短距离 *best_value*，即 *best_value* = 12.683，*best_route*：[4，8]→[3，5]→[4，1]→[6，2]→[9，3]→[4，8]（本例幸运地在首次搜索时找到的最优解即为全局最优解）。

接下来对每条城市间路径的信息素进行更新，即

$$q'_{ij}=\rho q_{ij}+\Delta q_{ij} \tag{13-2}$$

$$\Delta q_{ij}=\sum_{k=1}^{m}\Delta q_{ij}^{k} \tag{13-3}$$

式中，Δq_{ij}^{k} 为第 k 只蚂蚁在此迭代中留在路径上的信息素浓度。Marco Dorigo 对于 Δq_{ij} 的表达式给出三种系统模型。

1）蚂蚁圆周系统（Ant Cycle System），即

$$\Delta q_{ij}^{k}=\frac{Q}{value_k} \tag{13-4}$$

2）蚂蚁数量系统（Ant Quantity System），即

$$\Delta q_{ij}^{k}=Q \tag{13-5}$$

3）蚂蚁密度系统（Ant Density System），即

$$\Delta q_{ij}^{k}=\frac{Q}{d_{ij}} \tag{13-6}$$

式（13-4）蚂蚁圆周系统用的是整体信息，式（13-5）与式（13-6）系统模型中用的是局部信息，因此在解决旅行商问题时选择第一种模型性能更好。更新后各路径上的信息素浓度分布为

$$
\boldsymbol{q}=\begin{bmatrix} 0 & 12.277 & 11.192 & 14.105 & 11.743 \\ 15.463 & 0 & 11.577 & 12.277 & 10.000 \\ 13.854 & 12.528 & 0 & 12.935 & 10.000 \\ 10.000 & 11.743 & 10.000 & 0 & 17.574 \\ 10.000 & 12.769 & 16.547 & 10.000 & 0 \end{bmatrix}
$$

停止条件可以用固定的进化代数或者当进化趋势不明显时停止计算，蚁群算法流程图如图 13-7 所示。

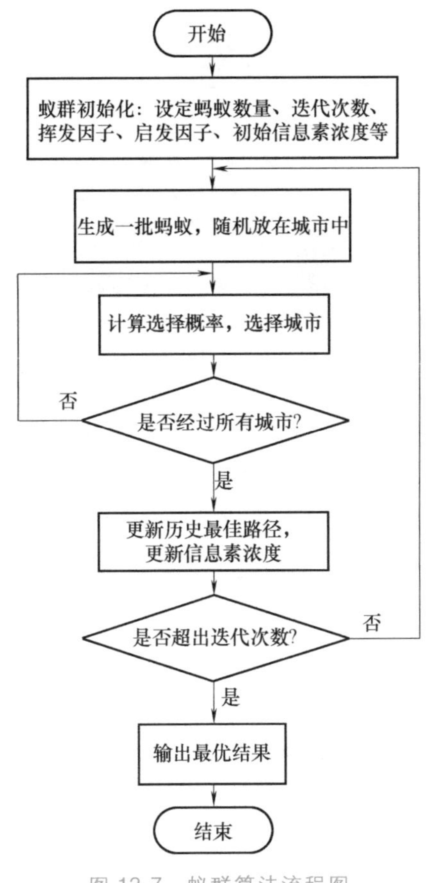

图 13-7 蚁群算法流程图

第 2 节 算法评价

蚁群算法与已经发展完备的一些算法（如遗传算法等）比较起来计算量比较大，而且效果也不一定好，但是仿生算法如遗传算法、粒子群算法等的成功应用还是激起了研究人员

对于蚁群算法的极大兴趣。

蚁群算法还是一种新型的模拟进化算法，其研究刚刚开始。现阶段对蚁群算法的研究还停留在仿真阶段，有许多问题有待进一步研究，如算法的收敛性、理论依据等。另外该算法也有一些缺陷，如蚁群在运动过程中，许多个体的运动是随机的，当群体规模较大时，需要花大量时间才可以寻找到一条最优或者较优路径。

实际多机器人物流系统中，蚁群算法在分配任务的过程中通过计算蚂蚁小队走过的路径长度来判断路径是否为最优，在物流机器人、货架、取货点的分配过程中，将计算路径规划算法的执行时间（最后一个机器人执行完成的时间）作为蚂蚁小队走过的路径长度，时间越短对应路径就越短，路径越短对应执行就越快完成，分配的组合就越优。

图 13-8 所示为每一代蚁群中每一队蚂蚁走过的路径长度（机器人—货架—取货点）。

```
任务分配算法-蚁群算法-开始
使用次数：第 0 代----- 蚂蚁小队走过的路径长度 [950. 728. 876. 760. 895. 728. 833. 895.]
第 1 代----- 蚂蚁小队走过的路径长度 [728. 728. 728. 728. 840. 728. 728. 728.]
第 2 代----- 蚂蚁小队走过的路径长度 [728. 728. 728. 728. 728. 728. 728. 728.]
第 3 代----- 蚂蚁小队走过的路径长度 [728. 728. 728. 728. 728. 728. 728. 728.]
第 4 代----- 蚂蚁小队走过的路径长度 [728. 728. 728. 728. 728. 728. 728. 728.]
第 5 代----- 蚂蚁小队走过的路径长度 [728. 728. 728. 728. 728. 728. 728. 728.]
第 6 代----- 蚂蚁小队走过的路径长度 [728. 728. 728. 728. 728. 728. 728. 728.]
```

图 13-8　每一代蚁群中每一队蚂蚁走过的路径长度

由图 13-8 可知，本次任务分配迭代了 6 代，每一代中都有 8 个蚂蚁小队，从第 0 代开始，蚂蚁小队走过的路径距离都偏长，后面每一代蚂蚁小队走过的路径距离变短；迭代到第 6 代全部蚂蚁小队走过的路径都为 728（表示 72. 8s），如图 13-9 所示。从第 3 代开始蚂蚁小队的路径长度就不再更新，到第 6 代超过了最大更新次数。

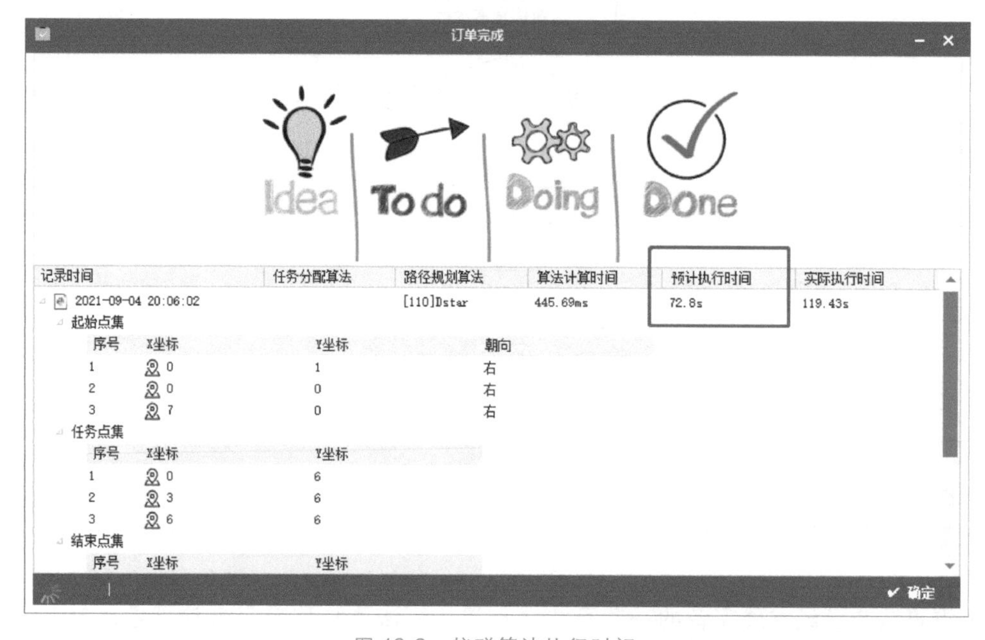

图 13-9　蚁群算法执行时间

总结与评价

蚁群算法是基于蚁群觅食的行为特征提出的一种模型进化算法。蚁群算法会设计虚拟的“蚂蚁”去摸索不同的路线，并且会留下虚拟的“信息素”，虚拟的信息素会挥发。虚拟的“蚂蚁”在选择路线时，会选择虚拟的“信息素”比较浓的路径。

1. 结合自己对蚁群算法的学习和理解，完成本章节的知识结构图。

2. 根据自己的知识掌握情况填写下表。

序号	学习内容	掌握情况
1	蚁群算法的起源	不了解　了解　理解
2	蚁群算法的原理	不了解　了解　理解
3	蚁群算法的适应度函数	不了解　了解　理解
4	蚁群算法的优点和缺点	不了解　了解　理解
5	蚁群算法计算选择城市概率的公式	不了解　了解　理解
6	更新信息素浓度的公式	不了解　了解　理解
7	计算某只蚂蚁在路径上留下的信息素浓度	不了解　了解　理解

第14章 智能算法综合比较

CHAPTER 14

想一想：

目前学习了哪些智能算法？在同类型的智能算法中，哪种算法的执行效果更好？

对于前文所学的路径规划算法和任务分配算法，从不同角度比较有助于更加透彻地了解几种同类型算法的差异。

第1节 路径规划算法效果比较

路径规划是规划出一条连接起点到终点的序列点或者曲线。单机器人路径规划是为机器人规划出一条从起点到终点的通行路线。前文介绍了三种单路径规划的方法：广度优先搜索（BFS）算法、深度优先搜索（DFS）算法和A*算法，下面概述这三种单机器人路径规划算法的差异。

一、原理比较

1. 广度优先搜索算法

将地图中所有的节点系统地展开并检查，直到找到结果为止。

2. 深度优先搜索算法

“不撞南墙不回头”，一条路走到底，走不通掉头往回走，回到路口之后进入另一条路，直到找到结果为止。

3. A* 算法

根据 $F(n)=G(n)+H(n)$ 公式，计算估值函数并且选择函数值小的方向前进，走不通就返回路口重新选择函数值小的方向前进，直到找到结果为止。

从理论上分析，广度优先搜索算法和深度优先搜索算法都是盲目搜索，会把结果之前的路径全部搜索完，而A*算法会通过计算估值函数获得较小的函数值，保证向路径最短的前进方向去搜索。

二、效果比较

以物流机器人执行下述任务为例，确保三种算法执行任务条件相同，见表 14-1，分别执行三种算法。

表 14-1 任务条件 1

机器人数量	1
机器人编号	R00
机器人初始位置	R00(0,0)
机器人初始朝向	R00 右
订单情况(任务)	取 C06 货物 1 个
货架位置	S06(5,6)

分析不同算法的路径长度，图 14-1 所示为广度优先搜索算法路径规划效果，图 14-2 所示为深度优先搜索算法路径规划效果，图 14-3 所示为 A* 算法路径规划效果。

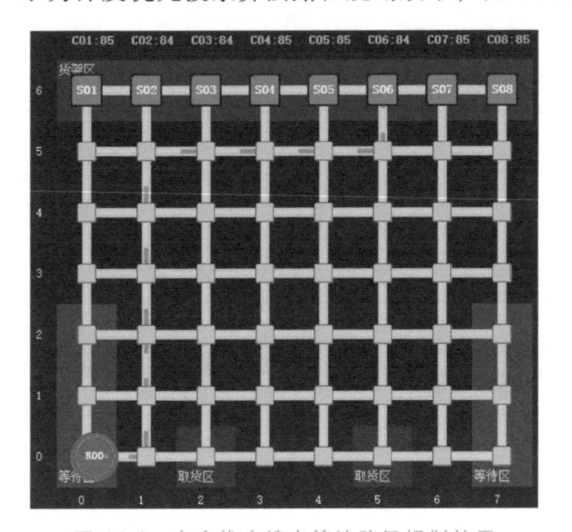

图 14-1 广度优先搜索算法路径规划效果

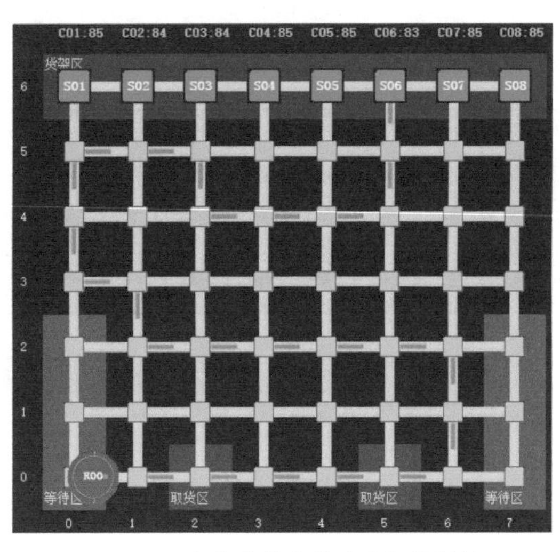

图 14-2 深度优先搜索算法路径规划效果

从规划效果分析，在不加入转向时间等因素的情况下，广度优先搜索算法和 A* 算法规划出的路径长度是一样的。广度优先搜索算法的逐层搜索特点，会将终点之前所有的点都搜索完才能规划出路径；深度优先搜索算法“不撞南墙不回头”的特点，规划出的路径绕了很远；A* 算法根据估值函数较小值选择前进方向的特点规划出的路径会有较多的转弯。

三、时间比较

确保三种算法输入的起点和终点是相同的，见表 14-2。分析三种算法各自规划出的计算时间、预计执行时间和实际执行时间。如图 14-4 所示广度优先搜索算法中预计执行时间为 32s，实际最终的执行时间为 95s 左右；如图 14-5 所示深度优先搜索算法中预计执行时间为 52s，实际最终的执行时间为 148s 左右；如图 14-6 所示 A* 算法中预计执行时间为 32s，实际最终执行时间为 97s 左右。

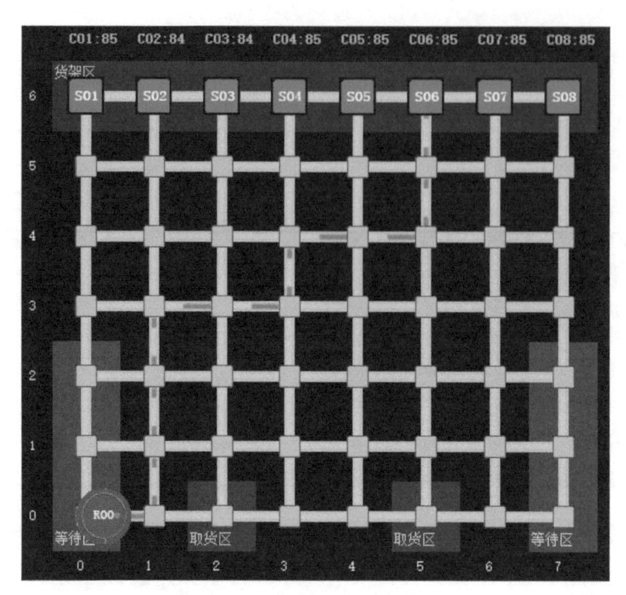

图 14-3 A* 算法路径规划效果

表 14-2 任务条件 2

机器人数量	1
机器人编号	R00
机器人初始位置	R00(0,0)
机器人初始朝向	R00 右
订单情况	取 C06 货物 1 个
货架位置	S06(5,6)

算法使用记录

序号	记录时间	任务分配算法	路径规划算法	算法计算时间	预计执行时间	实际执行时间
1	2021-09-06 12:29:09		[104]BFS_dict	0ms	32s	95.25s
2	2021-09-06 11:42:12		[104]BFS_dict	0ms	32s	95.49s
3	2021-09-06 11:39:03		[104]BFS_dict	0ms	32s	95.52s
4	2021-09-06 11:36:31		[104]BFS_dict	0ms	32s	95.24s
5	2021-09-06 11:34:00		[104]BFS_dict	0ms	32s	95.23s

图 14-4 广度优先搜索算法时间

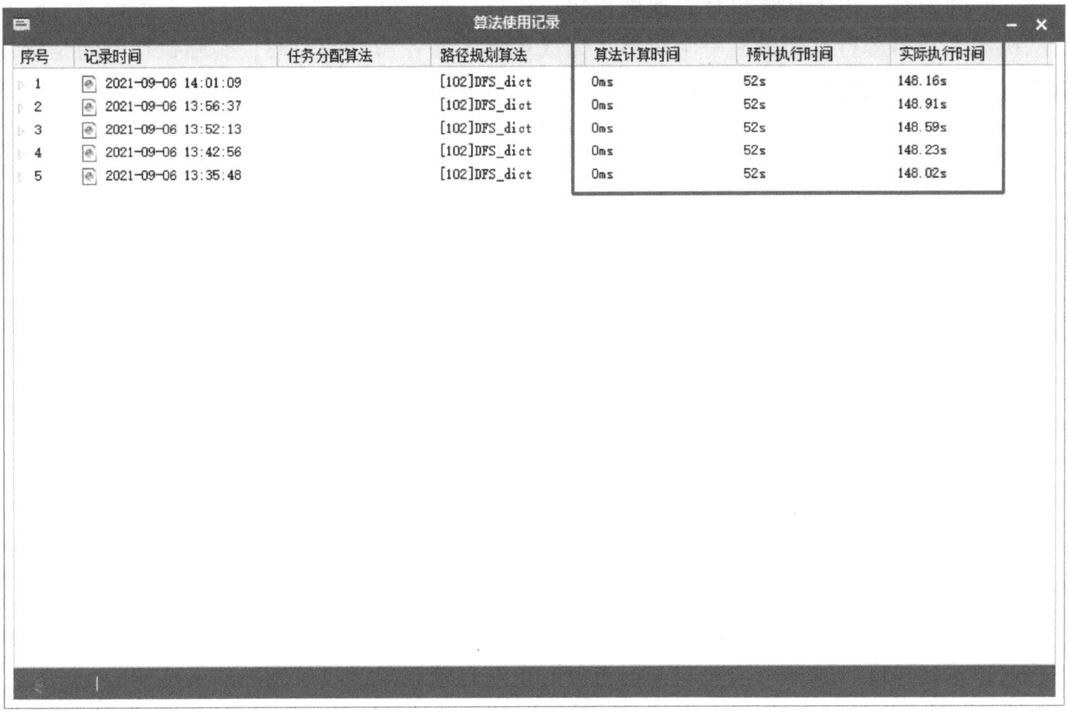

算法使用记录

序号	记录时间	任务分配算法	路径规划算法	算法计算时间	预计执行时间	实际执行时间
1	2021-09-06 14:01:09		[102]DFS_dict	0ms	52s	148.16s
2	2021-09-06 13:56:37		[102]DFS_dict	0ms	52s	148.91s
3	2021-09-06 13:52:13		[102]DFS_dict	0ms	52s	148.59s
4	2021-09-06 13:42:56		[102]DFS_dict	0ms	52s	148.23s
5	2021-09-06 13:35:48		[102]DFS_dict	0ms	52s	148.02s

图 14-5　深度优先搜索算法时间

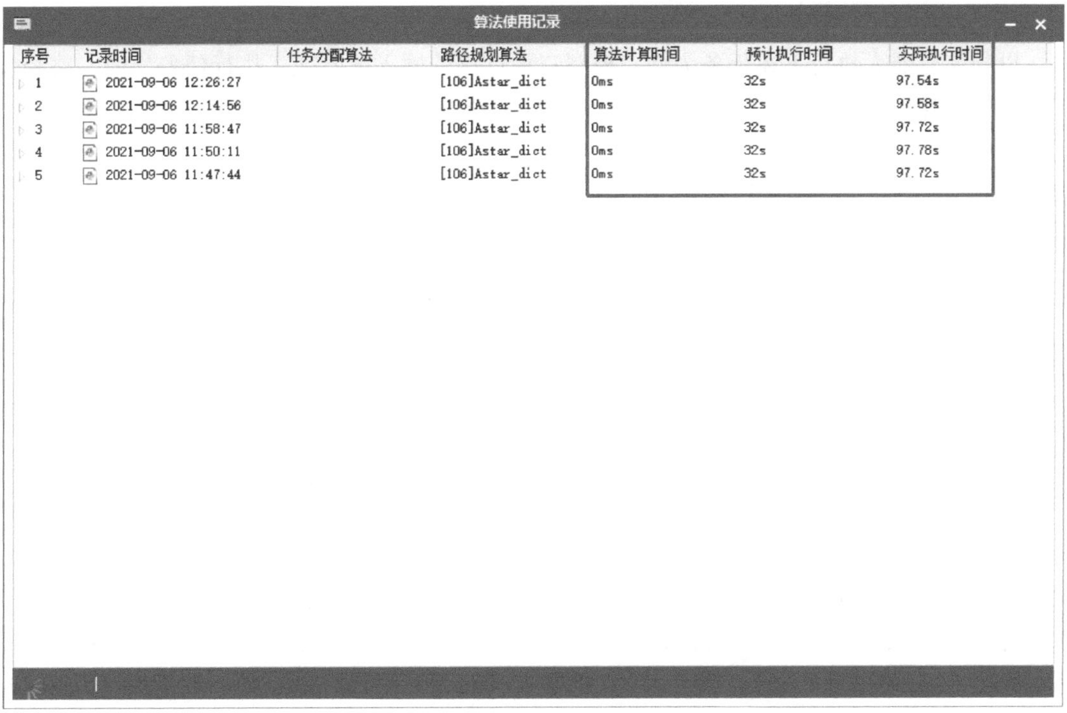

算法使用记录

序号	记录时间	任务分配算法	路径规划算法	算法计算时间	预计执行时间	实际执行时间
1	2021-09-06 12:26:27		[106]Astar_dict	0ms	32s	97.54s
2	2021-09-06 12:14:56		[106]Astar_dict	0ms	32s	97.58s
3	2021-09-06 11:58:47		[106]Astar_dict	0ms	32s	97.72s
4	2021-09-06 11:50:11		[106]Astar_dict	0ms	32s	97.78s
5	2021-09-06 11:47:44		[106]Astar_dict	0ms	32s	97.72s

图 14-6　A^* 算法时间

从时间来看，由于计算机计算速度很快，所以计算时间返回的都是 0ms；预计执行时间是从机器人开始运行直到最后一个机器人完成规划的路径需要的时间；实际执行时间是物流机器人在实际场地按照算法规划路径完成任务运行的时间。由于计算机系统性能、机器人硬件等因素影响，实际执行时间比预计执行时间长。从执行时间上分析，广度优先搜索算法的执行时间最短。

第 2 节　任务分配算法效果比较

一、分配算法的随机性分析

遗传算法、粒子群算法与蚁群算法都是随机搜索算法。

1）遗传算法的随机性体现在基因进化时交配和变异会产生和父代基因不同的基因个体，也确保基因不会很快地收敛到一个局部最优解。

2）粒子群算法的随机性体现在粒子原本的初始速度，每个粒子在向最优粒子靠近时都有自己原本的速度，这样可防止粒子群收敛时出现自锁现象，收敛到局部最优解。

3）蚁群算法的随机性体现在选择路径中，计算完每条路径选择的概率后，蚂蚁会根据转盘抽奖的规则选择路径，同样是为了防止快速收敛到局部最优解。

二、分配算法结果比较

以物流机器人执行下述任务为例，控制三种算法的输入值不变，执行任务相同，路径规划算法均选择 D^* 算法。任务条件见表 14-3，比较三种任务分配算法的最优分配结果。

表 14-3　任务条件 1

机器人数量	3
机器人编号	R00、R01、R02
机器人初始位置	R00(0,1)、R01(0,0)、R02(7,0)
机器人初始朝向	R00 右、R01 右、R02 左
订单情况	取 C02 货物 1 个、C04 货物 1 个、C07 货物 1 个
货架位置	S02(1,6)、S04(3,6)、S07(6,6)

1）遗传算法：[((0, 0), (3, 6), (2, 0)), ((0, 1), (1, 6), (2, 0)), ((7, 0), (6, 6), (5, 0))]。((0, 0), (3, 6), (2, 0))：机器人 (0, 0)→货架 (3, 6)→取货点 (2, 0)；((0, 1), (1, 6), (2, 0))：机器人 (0, 1)→货架 (1, 6)→取货点 (2, 0)；((7, 0), (6, 6), (5, 0))：机器人 (7, 0)→货架 (6, 6)→取货点 (5, 0)。

图 14-7 所示为 GA-机器人分配到货架示意图，图 14-8 所示为 GA-货架分配到取货点示意图。

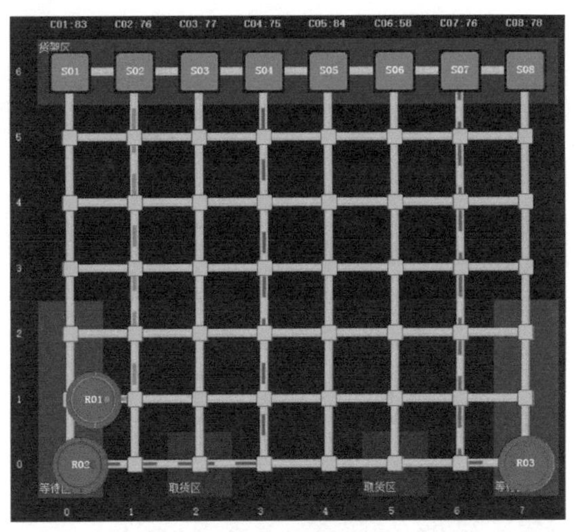

图 14-7　GA-机器人分配到货架示意图

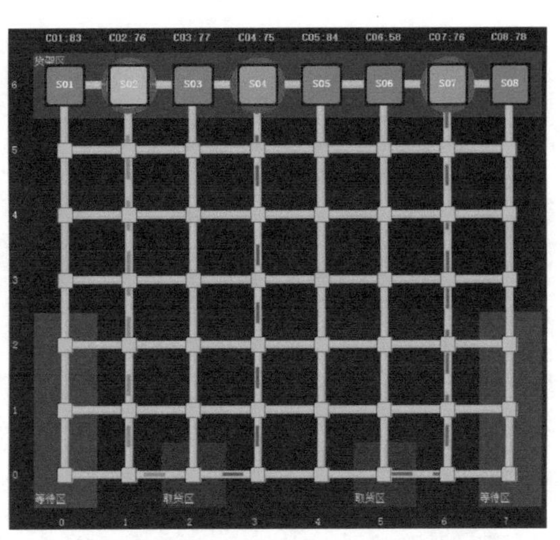

图 14-8　GA-货架分配到取货点示意图

2）粒子群算法：[((0, 0), (1, 6), (2, 0)), ((0, 1), (6, 6), (5, 0)), ((7, 0), (3, 6), (2, 0))]。((0, 0), (1, 6), (2, 0))：机器人（0, 0)→货架（1, 6)→取货点（2, 0)；((0, 1), (6, 6), (5, 0))：机器人（0, 1)→货架（6, 6)→取货点（5, 0)；((7, 0), (3, 6), (2, 0))：机器人（7, 0)→货架（3, 6)→取货点（2, 0)。

图 14-9 所示为 PSO-机器人分配到货架示意图，图 14-10 所示为 PSO-货架分配到取货点示意图。

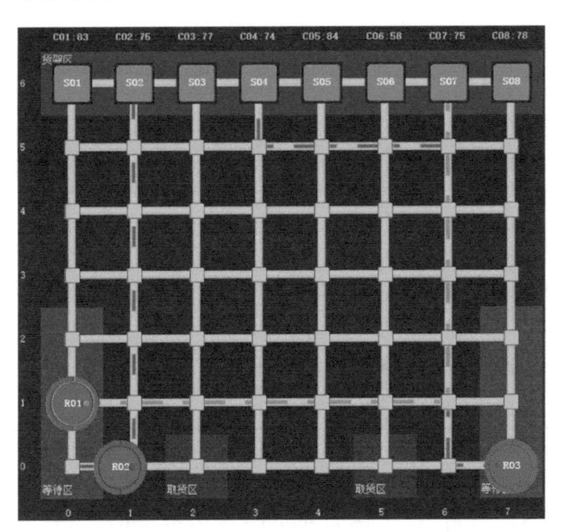

图 14-9　PSO-机器人分配到货架示意图

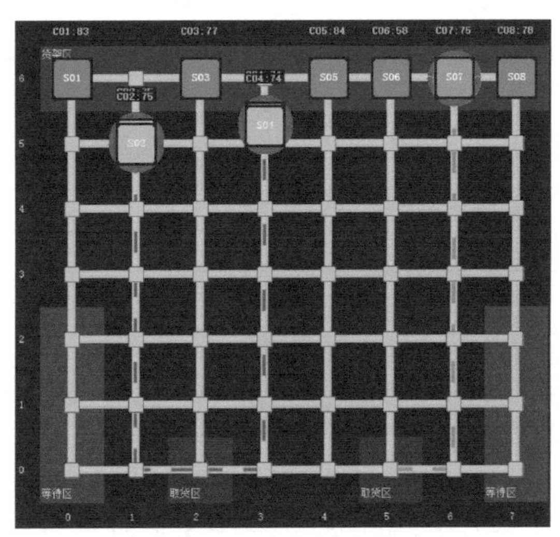

图 14-10　PSO-货架分配到取货点示意图

3）蚁群算法：[((0, 0), (3, 6), (2, 0)), ((1, 0), (1, 6), (2, 0)), ((7, 0), (6, 6), (5, 0))]。((0, 0), (3, 6), (2, 0))：机器人（0, 0)→货架（3, 6)→取货点（2, 0)；((1, 0), (1, 6), (2, 0))：机器人（1, 0)→货架（1, 6)→取货点（2, 0)；((7, 0), (6, 6), (5, 0))：机器人（7, 0)→货架（6, 6)→取货点（5, 0)。

图 14-11 所示为 ACO-机器人分配到货架示意图，图 14-12 所示为 ACO-货架分配到取货点示意图。

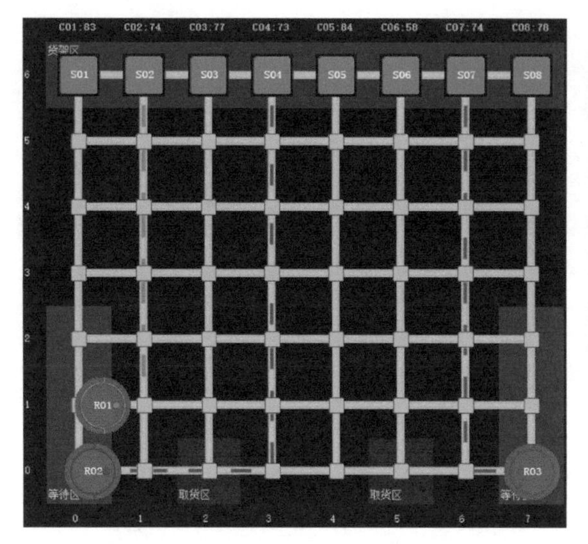

图 14-11　ACO-机器人分配到货架示意图

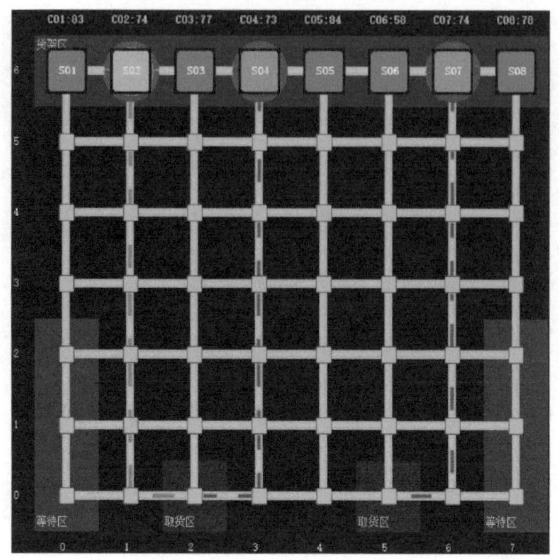

图 14-12　ACO-货架分配到取货点示意图

从分配效果来看，遗传算法和蚁群算法本次的分配方案是相同的，也是最优的分配方案，而粒子群算法本次的分配方案相对于遗传算法和蚁群算法来说就不是最优的，机器人行进的路径长度也不是最短的。当然，算法是存在随机概率的，可能下一次规划出的路径就会是最优或者较优的解。

三、分配算法的时间对比

控制三种算法的输入值不变，执行任务相同，路径规划算法均选择 D* 算法。任务条件见表 14-4，分别比较三种算法的计算时间。

表 14-4　任务条件 2

机器人数量	3
机器人编号	R00、R01、R02
机器人初始位置	R00(0,1)、R01(0,0)、R02(7,0)
机器人初始朝向	R00 右、R01 右、R02 左
订单情况	取 C02 货物 1 个、C04 货物 1 个、C07 货物 1 个
货架位置	S02(1,6)、S04(3,6)、S07(6,6)

1）遗传算法的平均计算时间为 976.36ms，实际平均执行时间 82s，如图 14-13 所示。

2）粒子群算法的平均计算时间为 501.96ms，实际平均执行时间 82.05s，如图 14-14 所示。

3）蚁群算法的平均计算时间为 491.49ms，实际平均执行时间 79.34s，如图 14-15 所示。

从时间复杂度分析，完成相同任务花费平均时间最少的是蚁群算法；花费平均时间最多的是遗传算法。实际场景下，三种算法完成相同任务所花费的平均时间相近。当然，理论计算时间和实际执行时间都可能会受到计算机系统性能、物流机器人场地、硬件等实际因素的影响，会存在计算误差。

算法使用记录

序号	记录时间	任务分配算法	路径规划算法	算法计算时间	预计执行时间	实际执行时间
1	2021-09-06 16:02:29	[98]GA	[110]Dstar	1015.84ms	68.4s	78.75s
2	2021-09-06 15:59:07	[98]GA	[110]Dstar	1391.27ms	76s	90.9s
3	2021-09-06 15:56:56	[98]GA	[110]Dstar	701.2ms	68.4s	79.25s
4	2021-09-06 15:54:55	[98]GA	[110]Dstar	928.09ms	68.4s	80.21s
5	2021-09-06 15:52:09	[98]GA	[110]Dstar	845.4ms	68.4s	80.9s

976.36ms　　82s

图 14-13　遗传算法时间

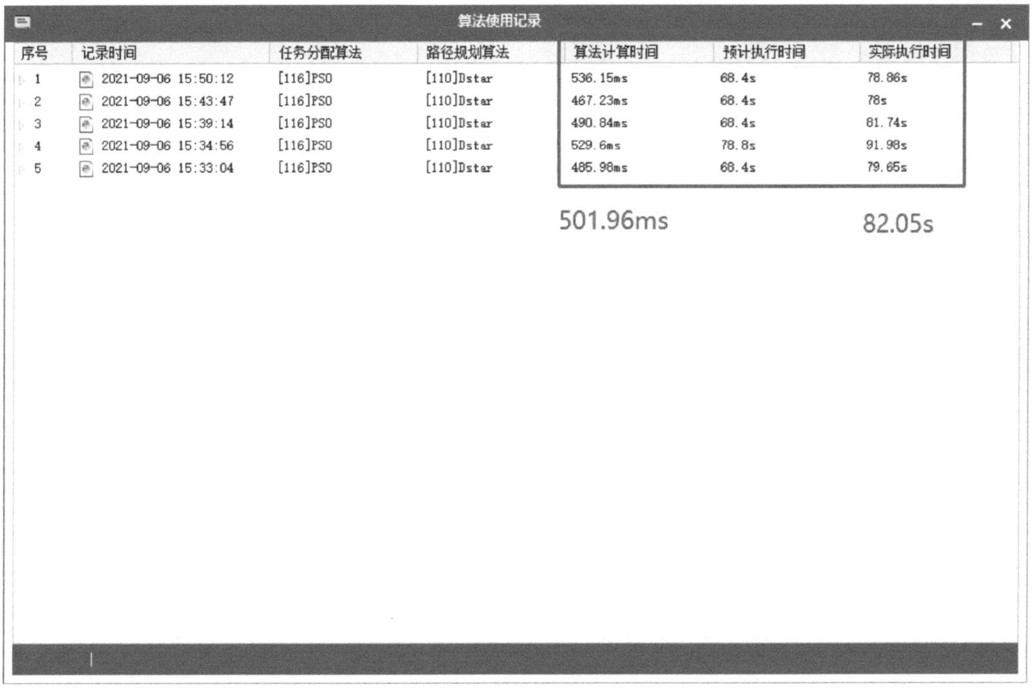

算法使用记录

序号	记录时间	任务分配算法	路径规划算法	算法计算时间	预计执行时间	实际执行时间
1	2021-09-06 15:50:12	[116]PSO	[110]Dstar	536.15ms	68.4s	78.86s
2	2021-09-06 15:43:47	[116]PSO	[110]Dstar	467.23ms	68.4s	78s
3	2021-09-06 15:39:14	[116]PSO	[110]Dstar	490.84ms	68.4s	81.74s
4	2021-09-06 15:34:56	[116]PSO	[110]Dstar	529.6ms	78.8s	91.98s
5	2021-09-06 15:33:04	[116]PSO	[110]Dstar	485.98ms	68.4s	79.65s

501.96ms　　82.05s

图 14-14　粒子群算法时间

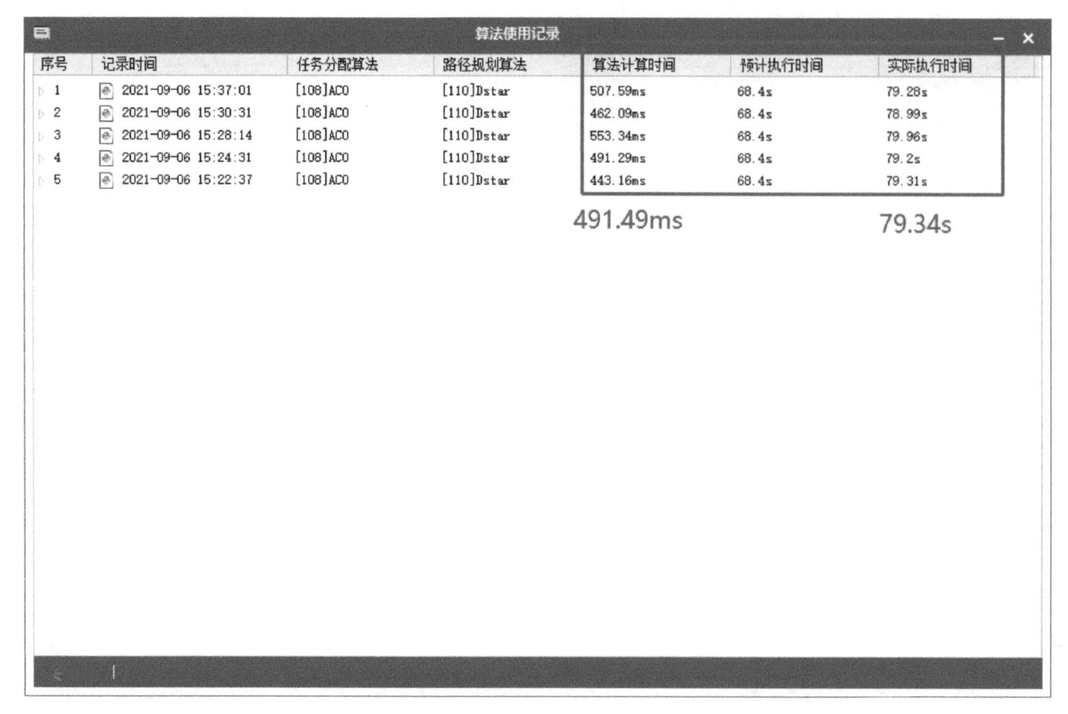

图 14-15　蚁群算法时间

总结与评价

本章将单机器人路径规划的三种算法从原理、效果、时间上进行比较，三种任务分配算法从随机性、分配结果、时间上进行比较。

1. 结合自己的学习和理解，完成本章节的知识结构图。

2. 根据自己的知识掌握情况填写下表。

序号	学习内容	掌握情况
1	单机器人路径规划的三种算法	不了解　了解　理解
2	三种路径规划算法的原理	不了解　了解　理解
3	三种路径规划算法比较后得出的结论	不了解　了解　理解
4	三种任务分配算法	不了解　了解　理解
5	三种任务分配算法的原理	不了解　了解　理解
6	三种任务分配算法比较后得出的结论	不了解　了解　理解

参考文献

[1] 尚荣华. 智能算法导论 [M]. 北京：清华大学出版社，2021.

[2] 包翔宇，曹学鹏，张弓，等. 多机器人协同系统的研究综述及发展趋势 [J]. 制造技术与机床，2019 (11)：4-9.

[3] 夏青松. 复杂环境下多移动机器人协同路径规划 [D]. 武汉：武汉科技大学，2019.

[4] 郭业才. 智能计算：原理与实践 [M]. 北京：机械工业出版社，2022.